地面气象自动观测规范

（第一版）

中国气象局

图书在版编目(CIP)数据

地面气象自动观测规范/中国气象局编 . —北京：
气象出版社,2020.3
　ISBN 978-7-5029-7185-4

　Ⅰ.①地… Ⅱ.①中… Ⅲ.①地面—气象观测—自动
化系统—技术规范 Ⅳ.①P412.1-65

　中国版本图书馆 CIP 数据核字(2020)第 048604 号

DIMIAN QIXIANG ZIDONG GUANCE GUIFAN
地面气象自动观测规范
中国气象局

出版发行：气象出版社
地　　址：北京市海淀区中关村南大街 46 号　　　　邮政编码：100081
电　　话：010-68407112(总编室)　010-68408042(发行部)
网　　址：http://www.qxcbs.com　　　　E-mail：qxcbs@cma.gov.cn
责任编辑：王凌霄　张锐锐　　　　　　　　终　　审：吴晓鹏
责任校对：王丽梅　　　　　　　　　　　　责任技编：赵相宁
封面设计：博雅思企划
印　　刷：中国电影出版社印刷厂
开　　本：880 mm×1230 mm　1/16　　　　印　　张：9
字　　数：280 千字
版　　次：2020 年 3 月第 1 版　　　　　　印　　次：2020 年 3 月第 1 次印刷
定　　价：48.00 元

编写委员会

主　任：于新文
副主任：王劲松　李良序
编　委：李昌兴　孙景兰　裴　翀　宏　观
　　　　冯冬霞　佘万明　张建磊　张雪芬

编写组

主　编：李昌兴
副主编：冯冬霞　张　鑫
编　者：第1章　李昌兴　张　鑫　张建磊
　　　　第2章　张　鑫　陈汝龙　汪　洲
　　　　第3章　张　鑫　冯冬霞　施丽娟
　　　　第4章　李　莉　姜　勇　陶　法
　　　　第5章　李　莉　李金莲　刘达新
　　　　第6章　张　鑫　周晓香　杜　波
　　　　第7章　庞文静　梁　丽　雷　勇
　　　　第8章　张　鑫　张振鲁　李进虎
　　　　第9章　冯冬霞　段洪岭　黄剑钊
　　　　第10章　张建磊　李　莉　汪　洲
　　　　第11章　张　鑫　周晓香　严国威
　　　　第12章　段洪岭　陈丽华　王柏林
　　　　第13章　陈汝龙　沈玉亮　倪　婷
　　　　第14章　杨志彪　朱武杰　崇　伟
　　　　第15章　杨志彪　徐向明　朱武杰
　　　　第16章　段洪岭　段森瑞　许庆双
　　　　第17章　刘志刚　宋树礼　吴东丽
　　　　第18章　佘万明　陈汝龙　叶成志　刘炼烨
　　　　第19章　叶成志　佘万明　刘炼烨　庞文静
　　　　第20章　宋树礼　王　颖　李静锋　温　博
　　　　第21章　王　颖　丁鹤鸣　黎锦雷　张雪芬
　　　　第22章　伍永学　王　颖　张志龙　郑丽英
编辑、校对：姬　翔　黄　斌　汪　洲　段森瑞

序

　　观测是气象工作的基础,是我们的立业之基、立足之本。党的十八大以来,中国气象局气象观测工作坚决贯彻习近平总书记重要指示批示精神和党中央决策部署,为服务气象事业高质量发展、推进气象现代化向更高层次迈进提供了坚实的基础,在服务国家重大战略方面发挥了重要作用。

　　地面气象观测是综合气象观测的重要组成部分。从20世纪90年代后期开始,我国追赶国际先进技术水平,大力加强地面气象观测业务能力建设,地面气象观测业务得到了快速发展,观测方式实现了由人工观测到自动的转变,地面观测数据时空分辨率显著增强,全国地面气象观测站全天候、实时获取的观测资料为天气预报、气象信息、气候分析、科学研究和气象服务提供了重要支撑,在气象预报预测、气象防灾减灾、应对气候变化和生态文明建设中发挥着举足轻重的作用。

　　但是,地面气象观测也面临着全新的发展机遇和挑战。一是实现地面气象观测自动化是全面实现气象现代化、建成现代化气象强国的必然要求,是适应国际、国内科技发展趋势的必然选择;二是现代科学技术发展为地面气象观测自动化提供了新的技术基础、思路和手段,实现地面气象观测自动化的技术条件已具备;三是气象服务保障国家重大战略的新任务要求通过地面观测的全面自动化释放出相应的人力资源,实现台站业务人员的转型发展;四是高时效、精细化的气象预报服务需要更高效的观测业务支撑。

　　面对这些机遇和挑战,中国气象局党组认真贯彻落实党的十九大精神,及时谋划新时代气象事业发展战略,作出了推动气象事业高质量发展、建设现代化气象强国的重要决策,提出了运用智慧气象的技术路线,着力提高气象观测自动化和智能化水平的要求。为此,中国气象局印发了《实现地面气象观测自动化工作方案》,全面推进地面气象观测自动化的工作。

业务规范，制度先行。制定科学合理、行之有效的《地面气象自动观测规范》是推进地面气象观测自动化的重要依据和制度保障。2018 年起，中国气象局综合观测司组织中国气象局气象探测中心牵头编写《地面气象自动观测规范》，经过编写组专家们的共同努力，历时一年完成了本规范（第一版）的编写，并于 2019 年 12 月 12 日正式印发实施。

本规范共分四编 22 个章节，从总则、自动观测、综合判识和资料处理四个方面对地面气象自动观测工作进行了详尽的阐述，内容涵盖地面气象自动观测工作的组织；仪器工作原理，安装、调试、维护；综合判识技术的原理和应用；数据质量控制要求、原则和方法等，并以附录的形式做了必要的补充。

本规范立足当前业务实际，面向未来发展需求，是当前和今后一段时期我国地面气象自动观测工作的规范和指导，衷心希望本规范能对广大一线工作人员、业务管理人员和科研技术人员有所助益，衷心祝愿地面气象观测自动化工作健康发展。

2019 年 12 月 25 日

前　言

2003 年颁布的《地面气象观测规范》(以下简称《规范》)自 2004 年施行以来,为我国地面气象观测业务的发展起到了重要的推进作用。近几年来,地面气象观测业务向自动化方向逐步推进,许多新方法、新技术在地面气象观测业务中得到广泛应用,《规范》从内容完整性、业务指导性、技术适应性等方面已不能满足自动化的发展要求,相继出台的一系列仪器观测规范、业务技术规定和国家气象行业标准虽对《规范》进行了有益的完善和补充,但仍不能满足业务发展需求。为此,中国气象局于 2018 年组织编写组,按照地面气象观测自动化改革要求,坚持"兼顾历史、立足当前、面向未来"的编写原则,广泛收集整理资料、反复论证修改、多方征求意见,完成了《地面气象自动观测规范》(以下简称《自动观测规范》)的编写。

《自动观测规范》主要适用于仪器自动观测、综合判识观测、图像识别观测等自动化观测业务,修订了《规范》中自动气象站(以下简称自动站)的相关内容,增加了综合集成硬件控制器、前向散射式能见度仪、称重式降水传感器、降水现象仪、闪电定位仪、光电式数字日照计等自动观测仪器,新增了露、霜、雨凇、雾凇、轻雾、雾、霾、浮尘、扬沙、沙尘暴、总云量、云高、结冰、积雪、冻土、雷暴等观测项目的综合判识或图像识别等内容。

《自动观测规范》主要涵盖了地面气象自动观测的业务工作包括观测场、观测仪器(观测原理、技术性能、安装调试和日常维护)以及观测资料的质量控制、数据统计和记录处理方法等方面内容。不仅适用于我国气象部门,其他部门的地面气象观测自动化业务也可参照使用。

《自动观测规范》由中国气象局综合观测司组织中国气象局气象探测中心牵头编写,在编写过程中还得到了有关省局和装备生产厂家的大力支持,在此表示感谢。

由于时间仓促且编写人员水平有限，随着自动化进程的持续深入，在《自动观测规范》执行过程中难免有不妥之处，敬请有关专家及读者提出宝贵意见和建议。

编写组
2019 年 12 月 25 日

目　　录

第一编　总　　则

第1章　地面气象观测业务工作

气象观测是气象业务工作的基础。地面气象观测是气象观测的重要组成部分,它是对地球表面一定范围内的气象状况及其变化过程进行系统地、连续地观察和测定,为天气预报、气象信息(数据)建设、气候分析、科学研究和气象服务提供重要的依据。

由于近地面层的气象要素存在着空间分布的不均匀性和时间变化上的脉动性,因此地面气象观测必须具有代表性、准确性、比较性。

代表性——观测记录不仅要反映测点的气象状况,而且要反映测点周围一定范围内的一定时间段内的平均气象状况。地面气象观测在选择站址和仪器性能,确定仪器安装位置时要充分满足记录的代表性要求。

准确性——观测记录要真实地反映实际气象状况。地面气象观测使用的气象观测仪器性能和制定的观测方法要充分满足《地面气象自动化观测规范》(简称:本规范)以下规定的准确度要求。

比较性——不同地方的地面气象观测站在同一时间观测的同一气象要素值,或同一个气象站在不同时间观测的同一气象要素值能进行比较,从而能分别表示出气象要素的地区分布特征和随时间的变化特点。地面气象观测在观测时间、观测仪器、观测方法和数据处理等方面要保持高度统一。

本规范是从事地面气象自动观测工作的业务规则和技术规定,观测工作中必须严格遵守。

本规范以相关国家标准和气象行业标准为依据编制,制定相关业务技术规定、编写地面气象观测仪器和业务软件的操作手册时必须以本规范为依据,其内容不得与之相违背。地面气象业务人员在认真执行本规范的同时,也应遵循其他相关技术手册、技术规定。

本规范的制定、修改和解释权归国务院气象主管机构。

1.1　观测任务

地面气象常规观测任务包括数据采集、数据质控、数据存储、数据传输、运行监控、技术保障和观测产品加工。

1. 实时获取自动气象观测数据和设备工作状态,做好数据质量控制及疑误记录处理,并存入采集器和业务终端。

2. 通过采集器和业务终端软件完成实时观测数据质控、保存及上传。

3. 做好各类业务系统的运行监控及技术保障,确保观测业务正常运行。

4. 做好历史资料备份、存储、归档、上传和上报等工作,做好气象观测产品的加工处理及应用工作。

5. 做好计量信息和元数据上报工作。

6. 按照国务院气象主管机构或省级气象主管机构要求开展应急加密观测。

7. 出现灾害性天气后及时进行调查和记录。

1.2　观测项目

国务院气象主管机构统一布局的观测项目包括:气温、气压、湿度、风向、风速、降水、能见度、地面温度(含草面温度)、浅层地温、深层地温、大型蒸发、日照、辐射、毛毛雨、雨、雪、雨夹雪、冰雹、大风、总云量、云高、冻土、露、霜、雾、较雾、霾、浮尘、扬沙、沙尘暴、结冰、雷暴等32项观测项目。

1.3　时制、日界和对时

1.3.1　时制

辐射和日照采用地方平均太阳时,其余观测项目均采用北京时。

1.3.2　日界

辐射和日照以地方平均太阳时 24 时为日界,其余观测项目均以北京时 20 时为日界。

1.3.3　对时

地面气象观测时钟采用北京时,业务终端通过省级、国家级授时服务器与国家授时中心进行实时对时,保持全网时钟一致。

1.4　元数据

元数据是描述数据属性的信息。

地面气象观测元数据用于描述观测变量、观测条件、观测方法和数据处理等,主要内容包括观测目的、观测台站、观测环境、数据权限、联系人、观测变量、数据采集与分析方法、数据质量、观测仪器和方法、数据处理等。

1. 观测目的:描述观测数据的主要应用领域、所属的观测计划和观测网络等。

2. 观测台站:描述台站名称、观测模式、区站号和地理位置等。

3. 观测环境:描述地表覆盖、地形特征、仪器安装位置及观测场周边环境对观测数据的影响等。

4. 数据权限:描述观测数据所有权和使用权。

5. 联系人:描述交换和应用数据的联系人和机构。

6. 观测变量:描述观测要素值名称、测量单位和观测时间等。

7. 数据采集与分析方法:描述采样算法、采样方式、采样周期、采样空间分辨率、采样时间间隔等。

8. 数据质量:描述数据的不确定性评估、质量标识、可溯源性等。

9. 观测仪器和方法:描述仪器测量范围、传感器距地高度、仪器标定时间、仪器型号和序列号、仪器定期维护情况、仪器使用日期和时间等。

10. 数据处理:描述数据处理方法和算法、处理中心、数据水平、数据格式版本、汇总时间等。

第 2 章　地面气象观测场

2.1　环境条件要求

地面气象观测场必须符合观测技术上的要求。

1. 地面气象观测场是取得地面气象资料的主要场所,应设在能较好地反映本地较大范围的气象要素特点、符合全国气象观测站网布局且能长期保持良好气象探测环境的地方,满足国务院气象主管机构规定的选址技术要求。

2. 地面气象观测场四周应空旷平坦,避免建在陡坡、洼地或邻近有铁路、公路、工矿、烟囱、高大建筑物、垃圾场排污口和有干扰源的地方。避开地方性雾、烟等大气污染严重的地方。地面气象观测场四周障碍物的影子应不会投射到观测仪器的受光面上,附近没有反射阳光强的物体。

3. 如果在城市或工矿区,观测场应设立在城市或工矿区最多风向的上风方。

4. 地面气象观测场探测环境应符合国务院气象主管机构有关保护规范、标准等文件的要求,并按《中华人民共和国气象法》《气象设施和气象探测环境保护条例》等法律法规依法进行保护。

5. 地面气象观测场周围探测环境发生变化后要进行详细记录。新建、迁移观测场或观测场四周的障碍物发生明显变化时,应重新进行评估。

6. 应用气象观测站、志愿气象观测站的环境条件可根据设站目的自行掌握。

2.2　观测场

1. 观测场一般为 25 m×25 m 的平整场地,方位为正南正北;确因条件限制,也可取 16 m(东西向)×20 m(南北向);设在高山、海岛或水上平台等特殊地点的不受此限;需要安装辐射仪器的台站,可将观测场南边缘向南扩展 10 m。

2. 需测定观测场的经纬度(测量精确到秒,标注精确到分)和海拔高度(精确到 0.1 m),并将其数据和南北方位刻在观测场中心位置的固定标志上。

3. 观测场四周一般应设置约 1.2 m 高的稀疏围栏,不宜采用反光太强的材料。观测场围栏的门一般开在北面。不需设置围栏的,观测场四角也应设置明显的固定标志,以示边界。场地应平整,保持有均匀草层(不长草的地区例外),草高不能超过 20 cm。对草层的养护,不能对观测记录造成影响。场内不准种植作物。

4. 为保持观测场地自然状态,场内铺设 0.3～0.5 m 宽的小路(不得用沥青铺面)。有积雪时,除小路上的积雪可以清除外,应保护场地积雪的自然状态。

5. 根据场内仪器布设位置和线缆铺设需要,在小路下修建电缆沟。电缆沟应做到防水、防鼠,便于维护。信号线和电源线应铺设在不同线槽内。

6. 场内确需照明时,应使用功率小于等于 25 W 的冷光源。

7. 观测场防雷系统接地电阻应小于等于 4 Ω。处在高山、海岛等岩石地面土壤的电阻率大于 1000 Ω·m 的观测场,接地体的接地电阻值可适当放宽。

2.3　观测场地仪器设施的布置

观测场内仪器设施的布置应互不影响,便于观测操作。具体要求:

1. 高的仪器设施安置在北面,低的仪器设施安置在南面。

2. 各仪器设施东西排列成行,南北布设成列,相互间东西间隔一般不小于 4 m,南北间隔一般不小于 3 m,仪器距观测场边缘护栏一般不小于 3 m。

3. 布设有双套自动气象观测系统的,东西方向上,主站仪器设施应安置在备份站相应仪器的东面;南北方向上,主站仪器设施应安置在备份站相应仪器的北面。

4. 仪器安置在紧靠东西向小路南面(综合集成硬件控制器、降水现象仪、蒸发传感器、风向风速传感器、前向散射能见度仪等除外)。

5. 辐射观测仪器一般安置在观测场南面,观测仪器感应面不能受任何障碍物影响。因环境条件限制不能安装在观测场内的总辐射、直接辐射、散射辐射、日照以及风传感器可安装在天空条件符合要求的屋顶平台上,反射辐射和净全辐射传感器安装在符合条件的有代表性下垫面的地方。

6. 北回归线以南的观测场内仪器设施的布置可根据太阳位置的变化灵活掌握,尽量减少观测活动对观测记录代表性和准确性的影响。

观测场内仪器设施布置见图2.1。

① 风塔、风向风速传感器
② 前向散射能见度仪
③ 降水现象仪
④ 百叶箱、气温传感器、湿度传感器、气温多传感器标准控制器
⑤ 自动雪深仪
⑥ 闪电定位仪
⑦ 翻斗雨量传感器Ⅰ
⑧ 翻斗雨量传感器Ⅱ
⑨ 翻斗雨量传感器Ⅲ

⑩ 翻斗雨量传感器
⑪ 称重式降水传感器
⑫ 酸雨自动观测仪
⑬ 通风防辐射罩、蒸发传感器
⑭ 深层地温传感器(40,80,160,320 cm)
⑮ 冻土自动观测仪
⑯ 光电式数字日照计
⑰ 地面温度传感器、浅层地温传感器(5,10,15,20 cm)

⑱ 草面温度传感器
⑲ 全自动太阳跟踪器
⑳ 辐射传感器
㉑ 天气现象视频智能观测仪
㉒ 主采集器
㉓ 降水多传感器标准控制器
㉔ 地温分采集器
㉕ 综合集成硬件控制器
㉖ 雨量器
㉗ 配电箱
㉘ 冻土电源箱

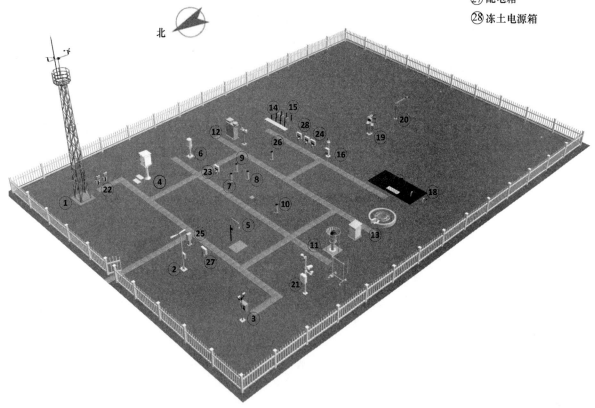

图 2.1 观测场仪器布置参考图

仪器、设备安装要求见表 2.1。

表 2.1　仪器、设备安装要求表

仪器	安装要求	允许误差范围	基准部位
气压传感器	距地高度 120 cm	±3 cm	感应部分中心
温湿度传感器	距地高度 150 cm	±5 cm	感应部分中部
风速传感器	距地高度 10～12 m	/	风杯中心
风向传感器	距地高度 10～12 m 方位正北	/ ±5°	风标中心 方位指北杆
翻斗雨量传感器	距地高度 70 cm	±3 cm	承水口口缘
称重式降水传感器	距地高度 120 cm 或 150 cm	±3 cm	承水口口缘
辐射传感器	支架高度 150 cm 方位正北 纬度以本站纬度为准	±10 cm ±0.25° ±0.1°	支架安装面 底座南北线
蒸发传感器	距地高度 30 cm	±1 cm	口缘
地面温度传感器	铂电阻传感器埋入土中一半	/	感应部分中心
草面温度传感器	距地高度 6 cm	±1 cm	感应部分中心
浅层地温传感器	深度 5 cm，10 cm，15 cm，20 cm	±1 cm	感应部分中心
深层地温传感器	深度 40 cm，80 cm 深度 160 cm 深度 320 cm	±3 cm ±5 cm ±10 cm	感应部分中心
前向散射能见度仪	距地高度 280 cm	±10 cm	采样区域中心
降水现象仪	距地高度 200 cm	±10 cm	采样区域中心
自动雪深观测仪	距地高度 150 cm 或 200 cm	±3 cm ±5 cm	测距探头
冻土自动观测仪	深度 0～150 cm 深度 150～300 cm 深度 300～450 cm	±1 cm ±1 cm ±1 cm	感应部分中心
光电式数字日照计	距地高度 150 cm 方位正北 纬度以本站纬度为准	±5 cm ±5° ±0.5°	日照计中心 光学镜筒筒口
闪电定位仪	方位正北 仪器自身高度	0.25° /	磁场天线环
天气现象视频智能观测仪	距地高度 280 cm	±10 cm	立柱顶端
采集器箱	高度以便于操作为准	/	/
地温分采集器箱	高度以便于操作为准	/	/
辐射分采集器箱	高度以便于操作为准	/	/
综合集成硬件控制器	高度以便于操作为准	/	/

2.4 站址迁移对比观测要求

1. 迁移国家级地面气象观测站,须在新址和旧址之间进行至少1年的对比观测(国家基准气候站必要时进行2年对比观测)。对比观测必须在新址和旧址观测场内进行。对比观测一般在批复迁移后进行,自1月1日开始。

2. 因遭受严重自然灾害,旧址无法正常开展观测业务工作的,可不进行对比观测。

3. 对比观测的设备为自动站,对比观测要素为气压、气温、湿度、风向风速、降水、地温。

4. 应在完成对比观测的次年3月31日前,完成新旧站址对比观测资料的审查和分析,形成对比观测资料评估报告报送国家气象信息中心,同时在省级气象主管机构归档。

2.5 观测值班室

观测值班室是业务人员的工作室和安放室内观测设备的场所。

1. 有专库、专柜存放备用观测仪器和资料文件,整洁有序。

2. 网络通信系统可靠,有备份可自动切换,确保观测数据文件稳定上传。

3. 室内用电规范,并配置不间断电源。

4. 值班室应具备防直击雷和闪电电涌侵入的有效措施。室内仪器设备均须可靠接地,接地电阻小于等于4 Ω。值班室供电线路、电话线、网线、信号线及其他入室线缆必须安装适配的电源避雷器和信号避雷器。

5. 值班室应有防盗、防火等安全措施。

6. 业务人员在值班室应有较开阔的视野,能看见观测场的全貌,可随时监视观测场的情况和天气变化。如因条件所限,可采用视频监控。

第 3 章　地面气象观测系统

3.1　概述

地面气象观测系统由硬件和软件组成。

硬件包括传感器、采集器、综合集成硬件控制器、通信接口、系统电源和业务终端等;软件应具有数据采集、质量控制、数据传输、系统组网和远程监控等功能。

3.2　基本技术性能要求

3.2.1　基本要求

1. 应具有国务院气象主管机构业务主管部门颁发的使用许可证,或经国务院气象主管机构业务主管部门审批同意用于观测业务。

2. 技术性能满足规定的要求。

3. 可靠性高,保证获取的观测数据可信。

4. 结构简单、牢靠耐用,能维持长时间连续运行。

5. 操作和维护方便,具有详细的技术及操作手册。

3.2.2　技术性能要求

地面气象观测仪器的基本技术性能应符合表 3.1 的要求。

表 3.1　地面气象观测仪器技术性能要求表

测量要素	测量范围	分辨力	准确度	平均时间	采样频率
气温	−50～+50 ℃	0.1 ℃	±0.2 ℃	1 min	30 次/min
相对湿度	0～100%	1%	±3%(≤80%) ±5%(>80%)	1 min	30 次/min
气压	500～1100 hPa (任意 200 hPa)	0.1 hPa	±0.3 hPa	1 min	30 次/min
风向	0～360°	3°	±5°	3 s	1 次/s
风速	0～60 m/s (普通)	0.1 m/s	±(0.5+0.03V) m/s 注:V 为实际风速,下同	1 min 2 min 10 min	4 次/s
降水量	翻斗雨量 0～4 mm/min 称重雨量 0～400 mm	0.1 mm	±0.4 mm(≤10 mm) ±4%(>10 mm)	累计	1 次/min
日照	0～24 h	1 min	±0.1 h	累计	6 次/min
蒸发量	0～100 mm	0.1 mm	±0.2 mm(≤10 mm) ±2%(>10 mm)	累计	6 次/min
地面温度	−50～+80 ℃	0.1 ℃	±0.2 ℃(≤50 ℃) ±0.5 ℃(>50 ℃)	1 min	30 次/min

续表

测量要素	测量范围	分辨力	准确度	平均时间	采样频率
浅层地温	−40～+60 ℃	0.1 ℃	±0.3 ℃	1 min	30 次/min
深层地温	−30～+40 ℃	0.1 ℃	±0.3 ℃	1 min	30 次/min
草面温度	−50～+80 ℃	0.1 ℃	±0.2 ℃（≤50℃） ±0.5 ℃（>50℃）	1 min	30 次/min
总辐射	0～2000 W/m²	1 W/m²	±5％	1 min	30 次/min
净辐射	−200～1400 W/m²	1 W/m²	±20％	1 min	30 次/min
散射辐射	0～2000 W/m²	1 W/m²	±5％	1 min	30 次/min
反射辐射	0～2000 W/m²	1 W/m²	±5％	1 min	30 次/min
直接辐射	0～2000 W/m²	1 W/m²	±2％	1 min	30 次/min
降水现象	毛毛雨、雨、雪、雨夹雪、冰雹	—	≥90％（降水量>0.1 mm）	1 min	1 次/min
能见度	10～30000 m	1 m	±10％（≤1500 m） ±20％（>1500 m）	10 min	4 次/min
雪深	0～150 cm	0.1 cm	±1 cm	1 min	10 次/min
冻土	0～450 cm	1 cm	±2 cm	1 min	1 次/min

注：其他地面气象观测仪器的基本技术性能要求,参见附录 A。

1. 准确度

准确度表示测量结果与被测量真值的一致程度。

2. 测量范围

在保证主要技术性能情况下,仪器能测定的被测量的量值范围。

3. 分辨力

仪器测量时能给出的被测量量值的最小间隔。

4. 响应时间（滞后系数）

被测量值阶跃变化后,仪器测量值达到最终稳定值的不同百分比所需要的时间。其中达到 63.2％所需的时间称为仪器的时间常数。

5. 平均时间

求被测量平均值的固定时间段。

6. 采样频率

单位时间内自动获取被测量数据的次数。

3.3 气象值的计算

3.3.1 计算要求

采集器按固定采样频率进行数据采集（见表 3.1）,并按要求对采样值进行质量控制（见第 17 章）,符合要求的采样值可用于计算气象要素的瞬时值、平均值和累计值,并挑取极值。

平均值是对一定时段内的瞬时值进行平均。分为算术平均法、滑动平均法和单位矢量平均法。通常测定 3 s,1 min,2 min 和 10 min 的平均值。

累计值是对一定时段内的瞬时值进行累计。通常测定 1 min 和 1 h 累计值。

极值是从一定时段内的瞬时值中挑取极大或极小值。通常测定 1 h 的极值。

各要素算法如下：

1. 气压、气温、相对湿度、1 min 平均风速、2 min 平均风速、地温、草面温度、冻土、雪深、1 min 能见度、辐射采用算术平均法。

2. 3 s 平均风速、10 min 平均风速、10 min 能见度采用滑动平均法。

3. 风向采用矢量平均法。

4. 各要素的极值采用极值算法。

5. 降水量、蒸发量、日照采用累计值算法。

各要素气象值的计算要求见表 3.2。

表 3.2　地面气象要素气象值计算要求

气象要素	平均值	累计值	极值
气压	每分钟算术平均	—	每小时内极值及出现时间
气温			
相对湿度			
地温			
草面温度			
冻土			
辐射		小时累计值	
风速	以 0.25 s 为时间步长计算 3 s 滑动平均值； 以 1 s 为时间步长（取整秒时的瞬时值）计算 1 min,2 min 平均； 以 1 min 为时间步长（取 1 min 平均值）计算 10 min 滑动平均	—	每分钟、每小时内 3 s 极值（即极大风速）及出现时间； 每小时内 10 min 滑动平均的极值（即最大风速）及出现时间
风向	时间步长同风速计算矢量平均	—	极大风速和最大风速出现时相应的风向
日照	—	每分钟、小时累计值	—
降水量			
蒸发量	每分钟水位的算术平均		
能见度	1 min 内采样数据计算 1 min 算术平均值； 以 1 min 为时间步长，计算每分钟的 10 min 滑动平均	—	每小时内 10 min 滑动平均的极值（即最小值）及出现时间
雪深	每分钟算术平均	—	—

3.3.2　算法

1. 平均值算法

（1）算术平均法

计算公式

$$\overline{Y} = \frac{\sum\limits_{i=1}^{N} y_i}{m} \tag{3.1}$$

式中，$\overline{Y}$ 为观测时段内气象变量的平均值；y_i 为观测时段内第 i 个气象变量的采样值（样本），其中，"错误""可疑"等非"正确"的样本应丢弃而不用于计算,即令 $y_i=0$;N 为观测时段内的样本总数,由"采样频率"和"平均值时间区间"决定;m 为观测时段内"正确"的样本数($m{\leqslant}N$)。

(2)滑动平均法

计算公式

$$\overline{Y}_n = \frac{\sum\limits_{i=a}^{n} y_i}{m} \tag{3.2}$$

式中,$\overline{Y}_n$ 为第 n 次计算的气象变量的平均值;y_i 为第 i 个样本值,其中,"错误""可疑"等非"正确"的样本应丢弃而不用于计算;a 为在移动着的平均值时间区间内的 1 个样本;当 $n{\leqslant}N$ 时 $a=1$,当 $n>N$ 时 $a=n-N+1$;N 为是平均值时间区间内的样本总数,由采样频率和平均值时间区间决定;m 为在移动着的平均值时间区间内"正确"的数据样本数($m{\leqslant}N$)。

(3)单位矢量平均法

计算公式

$$\overline{W}_D = \arctan\left(\frac{\overline{X}}{\overline{Y}}\right)$$
$$\overline{X} = \frac{1}{N} \times \sum_{i=1}^{N} \sin D_i \tag{3.3}$$
$$\overline{Y} = \frac{1}{N} \times \sum_{i=1}^{N} \cos D_i$$

式中,$\overline{W}_D$ 为观测时段内的平均风向;D_i 为观测时段内第 i 个风矢量的幅角(与 y 轴的夹角);$\overline{X}$ 为观测时段内单位矢量在 x 轴(东西方向)上的平均分量;$\overline{Y}$ 为观测时段内单位矢量在 y 轴(南北方向)上的平均分量;N 为观测时段内的样本数,由"采样频率"和"平均值时间区间"决定。

平均风向的修正:

应根据 $\overline{X}$,$\overline{Y}$ 的正负,对 $\overline{W}_D$ 进行修正。

$\overline{X}>0$,$\overline{Y}>0$,$\overline{W}_D$ 无须修正。

$\overline{X}>0$,$\overline{Y}<0$ 或 $\overline{X}<0$,$\overline{Y}<0$,$\overline{W}_D$ 加 180°。

$\overline{X}<0$,$\overline{Y}>0$,$\overline{W}_D$ 加 360°。

2. 极值算法

极值算法如下。

(1)最大风速从 10 min 平均风速值中选取,并记录相应的风向和时间。

(2)能见度极值从 10 min 平均能见度中选取,并记录时间。

(3)其他要素的极值(含极大风速)均从瞬时值中选取,并记录时间。

3. 累计值算法

计算公式

$$Y = \sum_{i=1}^{N} y_i \tag{3.4}$$

式中,Y 为观测时段内气象要素变量的累计值;y_i 为观测时段内气象要素变量的第 i 个采样值(样本),其中,"错误""可疑"等非"正确"的样本应丢弃而不用于计算,即令 $y_i=0$;N 为观测时段内的样本总数。

3.4 观测仪器的维护和检验

1. 应经常维护和定期检修,保证在规定的检定周期内仪器满足准确度要求。

2. 应按规定进行校准和检定,气象站不得使用未经校准、检定、超过检定周期或检定不合格的仪器设备。

3.5　平行观测技术要求

1. 当人工观测改为自动观测或换用不同技术特性的仪器进行观测时,为了解资料序列的差异,必须对相应要素进行平行观测。

2. 当人工观测改为自动观测时,平行观测期限一般应为 2 年。观测资料第一年以人工观测记录为准,第二年以自动观测数据为准。

3. 当换用不同技术特性的仪器时,平行观测期限可视换用仪器的技术性能情况而定,但不应少于 3 个月。

4. 平行观测资料应分别统计,分析资料差异并进行评估,整理后存档上报。

3.6　综合集成硬件控制器

3.6.1　主要功能

综合集成硬件控制器主要用于多个自动气象观测设备的集约化管理,实现多观测设备通过一根光纤与业务终端进行数据传输,提高地面气象观测系统的集成化程度、可扩展性、稳定性、可靠性。

综合集成硬件控制器具有数据透明传输和数据格式转换功能。

3.6.2　组成结构

综合集成硬件控制器的硬件包含通信控制模块、光电转换模块(室内、室外)、交流防雷模块、供电单元、外围部件等。其中,通信控制模块通过串口与观测设备连接,两组光电转换模块之间以光纤连接,室内光电转换模块通过网口与业务终端计算机连接。

软件分为驱动程序和管理软件;驱动程序用于虚拟串口,对综合集成硬件控制器进行配置管理;管理软件基于 TCP/IP 协议,与综合集成硬件控制器进行交互、管理。

3.6.3　性能要求

1. 综合集成硬件控制器室外机(通信控制模块＋光电转换模块)至少应具备以下接口:

(1)8 个 RS-232/485/422(ZigBee 或 ST 光纤)接口,用于连接观测设备。

(2)1 个 RJ45 接口,用于以太网信号输出。

(3)1 个 RJ45 接口,用于多个通信控制模块级联。

(4)1 对 ST 光纤收发接口,用于连接室内机(光电转换模块)传输数据。

(5)1 个 USB 接口,用于设备调试。

(6)1 个 SD 卡插槽,用于扩展设备存储空间。

2. 综合集成硬件控制器室内机(光电转换模块)至少应具备以下接口:

(1)1 个 RJ45 接口,用于连接业务终端计算机。

(2)1 对 ST 光纤收发接口,用于连接室内机(光电转换模块)传输数据。

3. 采用额定电压 DC 12 V 供电,在 DC 9 ～15 V 范围内能正常工作。

4. 选用大容量存储卡,可以备份至少 1 个月的观测数据,观测数据以文件形式存储,存储模式为"先入先出"。

3.7　采集系统

3.7.1　主采集器

主采集器是自动站的核心,硬件包含高性能嵌入式处理器、高精度 A/D 电路、高精度实时时钟电路、大容量程序和数据存储器、传感器接口、通信接口、CAN 总线接口、外接存储器接口、以太网接口、监测电路、指示灯等,硬件系统能够支持嵌入式实时操作系统的运行。

主采集器主要有两大功能。

1. 完成基本观测要素传感器的数据采样,对采样数据进行控制运算、数据计算处理、数据质量控制、数据记录存储,实现数据通信和传输,与终端计算机或远程数据中心进行交互。

2. 担当管理者角色,对其他分采集器进行网络管理、运行管理、配置管理、时钟管理等,以协同完成自动站的功能。

3.7.2　分采集器

分采集器硬件包含高性能嵌入式处理器、高精度 A/D 电路、参数存储器、传感器接口、CAN 总线接口、RS-232 终端调试端口、监测电路、指示灯,硬件系统支持运行嵌入式实时操作系统。分采集器对挂接的传感器按预定的采样频率进行扫描,收到主采集器发送的同步信号后,将获得的采样数据通过总线发送给主采集器。在不更改任何硬件设备的前提下,可以通过本地终端对分采集器嵌入式软件进行版本升级。

主采集器和分采集器之间采用双绞线 CAN 总线方式连接,双工通信。

3.7.3　传感器

自动站使用的传感器可分为 3 类。

1. 模拟传感器:输出模拟量信号的传感器。

2. 数字传感器:输出数字量(含脉冲和频率)信号的传感器。

3. 智能传感器:带有嵌入式处理器的传感器,具有基本的数据采集和处理功能,可以输出并行或串行数据信号。

3.8　观测业务软件

3.8.1　主要功能

地面观测业务软件应具有参数设置、数据采集、数据处理、数据存储、数据显示、设备管理和帮助等功能。

1. 参数设置

用于对本地或本站参数进行配置,包括观测项目、台站参数、极值参数、质控参数、传输参数以及软件运行环境设置等。

2. 数据采集

包括实时数据和历史数据采集功能,将观测设备的分钟、小时数据以及设备状态和元数据采集到地面观测业务软件中,为后续流程提供数据源。

3. 数据处理

包括数据统计和质量控制功能。数据统计功能对观测数据进行平均值、累计值、极值的计算和显示,形成上传文件。质量控制功能对观测数据进行格式检查、缺测检查、界限值检查、主要变化范围检查、内部一致性检查和时间一致性检查等。

4. 数据存储

存储各类数据信息,包括原始观测数据、经质控后的观测数据、上传文件、各种参数或配置信息等。

5. 数据显示

软件具备实时数据显示、历史数据查询、报警信息和日志查看等功能。

6. 设备管理

设备管理包括对观测设备进行维护、停用以及标定等工作;记录并处理维护、停用、标定等操作时间段、维护内容等信息。

7. 帮助

帮助功能包括软件操作说明、升级内容、版本信息等。

3.8.2　性能要求

1. 各种参数、维护信息设置完成后,应实时生效;应在每分钟 30 s 内完成数据采集、质量控制并形成存储文件。

2. 应具备集成多个观测设备或传感器的能力,能实时形成观测数据文件。

3. 能对地面气象观测数据进行归档存储。

4. 应满足稳定性与可靠性要求。能 7 d×24 h 连续运行,最小无故障运行时间大于等于 7200 h,最大故障恢复时间小于等于 5 min。

5. 应具有良好的可扩展性与易维护性。

3.8.3　日常维护

1. 保持地面观测业务软件处于良好运行状态。

2. 根据报警信息,做好地面观测业务软件维护。

3. 定期检查数据文件是否齐全,并对数据文件进行备份。

4. 地面观测业务软件初次安装或基本配置更新后,及时对配置文件进行备份。

5. 按要求对地面观测业务软件进行升级。

3.8.4　软件管理

地面观测业务软件根据地面自动气象观测业务的需要编制,由国务院气象主管机构管理。

1. 软件发布

地面观测业务软件发布前,应满足以下要求。

(1)符合地面气象观测业务系统现行的技术标准和指标,兼容现行观测业务中使用的不同型号同类设备。

(2)软件编译完整封装并确定版本号,相关技术文件资料完整、齐套、准确。

(3)软件版本号由主版本号、次版本号、修订版本号、日期版本号 4 部分组成,版本号格式为<主版本号>.<次版本号>.<修订版本号>.<日期版本号>。

2. 软件升级与下线

因业务需求调整或需完善业务软件时可根据实际情况进行版本升级,但应避免随意和频繁更新。

当地面观测业务软件已不适用现行业务时,应进行版本注销并下线。

第二编　气象要素的仪器自动观测

第4章　云

4.1　概述

云是悬浮在大气中的小水滴、过冷水滴、冰晶或它们的混合物组成的可见聚合体;有时也包含一些较大的雨滴、冰粒和雪晶。其底部不接触地表,并有一定的厚度。

自动观测云量、云高的仪器主要有激光云高仪、全天空成像仪和毫米波云雷达等。

4.1.1　基本概念

云量是指云遮蔽天空视野的成数。

云高指云底距测量点的垂直距离,也称云底高。

4.1.2　要素和单位

云观测包括总云量和云高。

总云量以成为单位,取整数;云高以米(m)为单位,取整数。

4.2　激光云高仪

4.2.1　原理

发射器向云底发射一束脉冲激光,经过时间 t 后,接收器接收到云层的激光回波信号,仪器至所测云底间的斜距 S 可表示为

$$S=\frac{ct}{2} \tag{4.1}$$

式中 c 为光速;由激光云高仪的仰角 α,即可求得云底高度 H

$$H=S \cdot \sin\alpha \tag{4.2}$$

激光云高仪获取整个探测路径上的高空间分辨率的激光大气回波廓线,对距离校正过的回波强度廓线特征进行分析,确定观测点上空是否存在云。若有云,依据不同云的特征确定云底位置进而得到云高;若无云,则输出垂直能见度。

4.2.2　组成结构

激光云高仪主要由测量单元、供电电源、通信单元、加热吹风装置和外壳(包括底座、支架)等部分组成,其组成结构如图 4.1 所示。

1. 测量单元

测量单元包括发射单元、接收单元和控制处理器等。

发射单元主要由发射光学系统和发射器电路组成,通过机械装置固定在发射筒中,仪器工作时发出周期性的脉冲激光信号。

接收单元主要由接收光学系统和接收器电路组成,通过机械装置固定在接收筒中,仪器工作时接收大气回波信号。

控制处理器完成对发射器发射信号的监控与接收器接收信号的采集处理。

2. 通信单元

通信单元实现采集器与业务终端、采集器与综合集成硬件控制器的连接。通信接口协议采用 RS-232 或 RS-485。

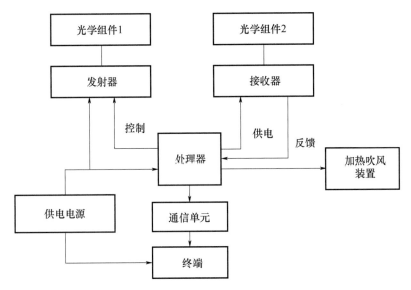

图 4.1　激光云高仪组成结构图

3. 加热吹风装置

机箱内吹风加热主要用于保证低温时发射器稳定工作。当设备内温度低于某阈值时机箱内部加热并吹风,当温度升高到某阈值后停止加热,延时 2 min 后停止吹风。

窗口吹风主要用于清除雪、霜、雨滴等。窗口污染值大于阈值时窗口内外风扇都吹风,污染值小于阈值时延时 2 min 后停止吹风。

4.2.3　安装

1. 预置混凝土基础,高出地面 3～5 cm,外露面平整光洁;预埋件与接地体连接,基础中预留电源、信号管线。

2. 激光云高仪探测云层时竖直摆放,固定时必须保证阳光不能垂直照射激光云高仪镜头,以免烧坏设备部件。随季节变化及时调整摆放方向,以避免阳光垂直照射入透镜。

4.2.4　日常维护

1. 定期检查激光云高仪是否正常工作。巡视时,发现激光云高仪(尤其是采样区)有蜘蛛网、鸟窝、灰尘、树枝、树叶等影响数据采集的杂物,应及时清理。

2. 定期更换冷却风机的空气过滤器。

3. 定期清洁光学透镜,可根据设备附近环境的情况,延长或缩短擦拭透镜的时间间隔,遇沙尘、降雨(雪)等天气现象时,应及时清洁。

4. 每月检查供电设施,保证供电安全。

5. 每年春季对防雷设施进行全面检查,复测接地电阻。

6. 激光云高仪的校准周期应不超过 2 年。

7. 当设备故障时应及时进行维护维修。

4.3　全天空成像仪

4.3.1　原理

仪器上方的照相机垂直向下拍摄带有加热装置的半球镜面,得到当时天空所呈现的图像,并将图像自动存储到业务终端进行云量计算和处理。

4.3.2　组成结构

全天空成像仪由可见光成像子系统、红外成像子系统、综合处理单元、供电单元和外围组件等构成,其组成结构如图 4.2 所示。全天空成像仪主要测量全天空云量。

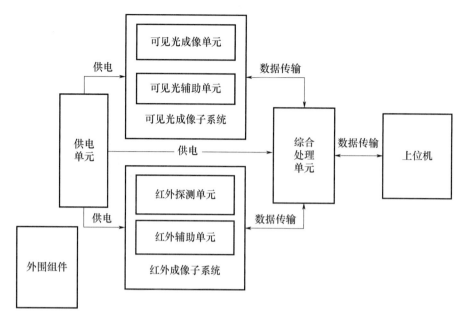

图 4.2　全天空成像仪组成结构图

目前全天空成像仪的云量用下式进行计算：

$$f=\frac{N_{\text{cloudy}}}{N_{\text{total}}}=\frac{N_{\text{cloudy}}}{N_{\text{cloudy}}+N_{\text{clear}}} \tag{4.3}$$

式中，f 为云量；N_{cloudy} 为云点；N_{total} 为总点数；N_{clear} 为非云点。

1. 可见光成像子系统

可见光判别云的物理原理是模拟人眼识别天空色彩与云颜色的差异。一般采用阈值判别法，设置合适的阈值作为云和晴空的判断依据。可见光成像子系统由可见光成像单元、可见光辅助单元组成。可见光成像单元包含镜头、可见光图像感应装置、防护罩等部件，在综合处理单元的控制下，定时获取全天空的图像信息。可见光辅助单元用于提高成像质量，有利于提高云量识别准确率。

2. 红外成像子系统

红外测云量主要有阈值法和亮温反演两种方法。红外成像子系统采用红外感应成像技术获取天空的红外辐射数据，以亮温（或灰度值）的形式进行保存。红外成像子系统由红外探测单元、红外辅助单元组成。红外探测单元包含红外感温部件、保护壳体等，在综合处理单元的控制下，定时获取红外辐射图像。红外辅助单元由旋转扫描单元、环境测量单元等部件组成，用于辅助全天空红外成像，提供亮温反演所需环境变量，以及保护红外探测单元。

3. 综合处理单元

用于接收可见光成像子系统和红外成像子系统获取的数据，经处理、计算得到所需结果，并完成本地存储和向上位机传输。

4. 供电单元

供电单元采用 12 V 的蓄电池为可见光成像子系统、红外成像子系统、综合处理单元等供电。由辅助电源对蓄电池供电，辅助电源可为市电、发电机或太阳能电池板等。

蓄电池应保证在脱离辅助电源的情况下连续工作 24 h 以上。

5. 外围组件

外围组件包括机箱、基座、立杆（柜/筒）等其他安装云量自动观测设备所需的相关部件。

4.3.3　安装

1. 预置混凝土基础，高出地面 3～5 cm，外露面平整光洁；预埋件与接地体连接，基础中预留电源、信号管线。

2. 立柱牢固安装在混凝土基础上,将采集器安装在立柱要求的位置。传感器镜头面水平仰角 15° 以上应无明显遮挡。

3. 可见光成像子系统与红外成像子系统为两个独立设备时,其安装间距要求 5 m 以上。

4. 连接仪器的电源电缆和信号电缆,接好防雷地线。电缆应放入电缆沟内的金属线槽中。

4.3.4 调试

全天空成像仪安装后对可见光成像子系统、红外成像子系统进行调试,检查仪器运行与通信情况,确保数据正常。

4.3.5 日常维护

1. 在定期巡视中发现全天空成像仪光学传感器附近(尤其是采样区)有蜘蛛网、鸟窝、灰尘、树枝、树叶等影响数据采集的杂物时,应及时清理。

2. 定期清洁可见光成像子系统、红外成像子系统光学部件及环境感应装置,可根据设备附近环境的情况,延长或缩短清洁的时间间隔,遇沙尘、降雨(雪)等天气时,应及时清洁。

3. 每月检查供电设施,保证供电安全。

4. 每年春季对防雷设施进行全面检查,复测接地电阻。

5. 全天空成像仪的校准周期应不超过 2 年。

6. 当设备故障时应及时进行维护或维修。

4.4 毫米波云雷达

4.4.1 原理

毫米波是指波长为 1~10 mm 的电磁波,所对应的频率范围为 30~300 GHz。在毫米波频段,电磁波在大气中传播时,会受到大气中悬浮微粒及含水物质吸收、散射和折射等作用影响。

毫米波云雷达是指工作在毫米波波段的雷达,气象上常选用 Ka(35 GHz)和 W(94 GHz)波段。毫米波云雷达基于大气中的悬浮粒子对电磁波的后向散射,利用接收到的后向散射信号反演云的宏观和微观特性。利用云粒子对毫米波的散射特性反演云的宏观和微观结构;可以连续探测云的水平和垂直结构变化,获取云底、云顶、云厚等宏观参数和反射率、速度、谱宽等微观参数,根据雷达反射率反演云中液态水含量。

根据电磁波极化方式的不同,可分为单偏振和双偏振毫米波云雷达,其中,双偏振毫米波云雷达可以识别云粒子相态。

全固态 Ka 波段毫米波云雷达工作原理如图 4.3 所示。

4.4.2 组成结构

硬件系统包含天馈线、收发单元、信号处理单元、标准输出控制单元和供电单元,如图 4.4 所示。可独立运行,完成数据采集、收发、信号处理、数据处理、存储、通信、产品生成和运行监控等功能。

4.4.3 安装

毫米波云雷达,安装时需要在水泥底座四个角落上安装天线固定拉丝,用于固定雷达,防止大风吹倒。水泥底座中间应留有直径 50 cm 的走线和供电空间用于设备供电和数据传输,垂直观测水泥底座尺寸大小为 1.5 m×1.5 m×0.5 m,扫描观测时尺寸大小为 3 m×3 m×1 m,具体如图 4.5 所示。

毫米波云雷达建站应满足下述环境要求。

电磁环境:确保观测站电磁环境,限制同频信号造成的干扰。

供电环境:稳定的供电网。

遮挡条件:在垂直方向 10° 范围内无遮挡物。

4.4.4 调试

毫米波云雷达安装后,需确保参数无误、工作稳定、数据真实可信。要实时对毫米波云雷达进行机内标定,同时还需对毫米波云雷达的主要参数进行人工定期检测和标定,并对探测结果进行必要的修正。具体要求如下。

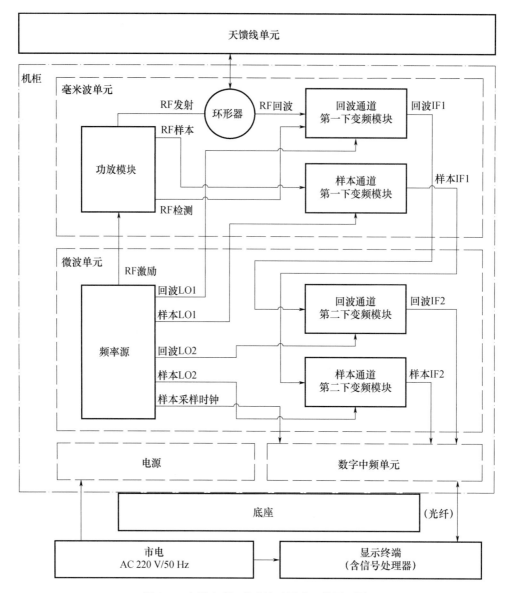

图 4.3 全固态 Ka 毫米波云雷达工作原理图

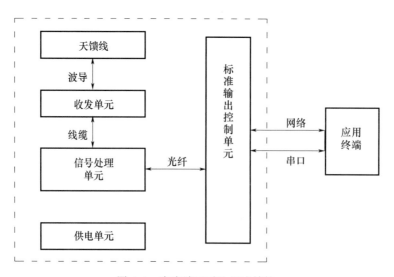

图 4.4 毫米波云雷达组成结构

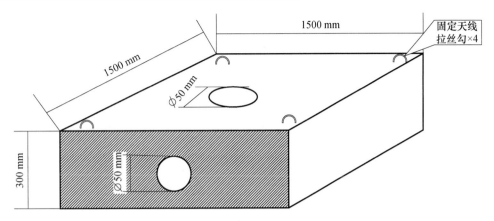

图 4.5　毫米波云雷达水泥底座

1. 设备首次安装时需要进行人工检测和标定。
2. 遇到极端天气,对设备造成一定影响时需要人工检测和标定。
3. 每年需要定期对设备进行一次人工检测和标定。
4. 标定内容包括发射系统、接收系统、整机系统等。

4.4.5　日常维护

1. 运行期间,禁止无故断电,应按照正常开关机操作(异常情况除外)。
2. 保持机柜内干净整洁,定期清扫,终端电脑要保持干净、定期维护。
3. 定期检查雷达安装是否稳固,固定线是否松动。在低洼地带安装要做好防积水。

第 5 章　能见度

5.1　概述

能见度用气象光学视程表示。

能见度观测仪测定的是一定基线范围内的能见度。

自动观测能见度的仪器主要有前向散射能见度仪、透射式能见度仪等。

5.1.1　基本概念

气象光学视程是指白炽灯发出色温为 2700 K 的平行光束的光通量在大气中削弱至初始值的 5％ 所通过的路径长度。

自动能见度是指基于仪器观测自动获得的能见度值,是利用标准算法将传感器测量值转换得到的能见度值,该值能够代表观测点的能见度。

1 min 平均能见度值也称为瞬时值,每分钟输出一个数据,是 1 min 采样数据的算术平均值。

10 min 平均能见度值是在 1 min 平均能见度值基础上的 10 min 滑动平均,每分钟滑动更新一次。

小时最小能见度是指小时内每 10 min 平均能见度的最小值。

10 min 滑动能见度是指当前分钟前 10 min 内的 10 min 平均能见度的滑动平均值,又称为 10 min 滑动能见度。

5.1.2　要素和单位

能见度观测包括 1 min 平均能见度、10 min 平均能见度、小时最小能见度及出现时间、日最小能见度及出现时间。

能见度以米(m)为单位,取整数。

5.2　前向散射能见度仪

5.2.1　原理

大气中光的衰减是由散射和吸收引起的,在一般情况下,吸收因子可以忽略,而经由水滴反射、折射或衍射产生的散射现象是影响能见度的主要因素。故测量散射系数的仪器可用于估计气象光学视程(MOR)。

前向散射能见度仪的发射器与接收器之间保持一定的距离,并成一定的角度。接收器不能接收到发射器直接发射和后向散射的光,只能接收大气的前向散射光。通过测量散射光强度,可以得出散射系数,从而估算出消光系数。

根据柯西米德定律计算气象光学视程:

$$MOR = \frac{-\ln(\varepsilon)}{\sigma} \tag{5.1}$$

式中,MOR 为气象光学视程;ε 为对比阈值;σ 为消光系数。

当 $\varepsilon = 0.05$ 时,得出:

$$MOR \approx \frac{2.996}{\sigma} \tag{5.2}$$

从而可以得出气象光学视程。

发射器持续发射红外光脉冲,经大气分子和颗粒物散射,接收器探测一定体积大气样本在固定方向上的散射光,并将光信号转换为电信号。控制处理单元对电信号进行处理后反演出当前气象光学视程。其原理如图 5.1 所示。

能见度仪带有内部加热装置,以防止水汽凝聚在光学镜头表面。发射器和接收器均有镜头表面污染

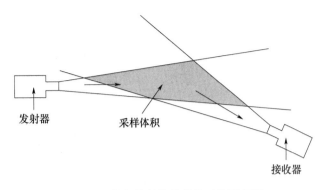

图 5.1　前向散射能见度仪工作原理图

监测功能,当污染程度超过阈值时进行报警。

5.2.2　组成结构

前向散射能见度仪由传感器、采集器、支架、电源和校准装备等部分组成,其组成结构如图 5.2 所示。

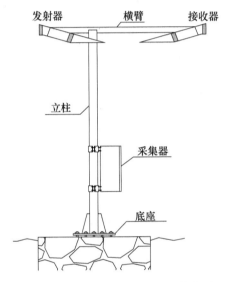

图 5.2　前向散射能见度仪组成结构图

1. 传感器部分包括发射器、接收器和控制处理器等。

2. 采集器包括接口单元、中央处理单元、存储单元和显示单元等。

3. 支架部分包括立柱和底座。

4. 电源部分包括供电电源、电源防雷器和蓄电池等。

5. 校准装备用于传感器的定期校准,主要由衰减片和散射片构成。

通信使用 RS-232 或 RS-485 接口。通过外接无线传输模块,可以扩展通信距离。无线传输模块的类型有 GPRS,CDMA 等。无线传输时,可以实现多点传输。

5.2.3　安装

1. 预置混凝土基础,高出地面 3～5 cm,外露面平整光洁;预埋件与接地体连接,基础中预留电源、信号管线。

2. 接收器和发射器的横臂成南北向,保持水平,底座牢固可靠;采样区域中心距地 280 cm。

3. 接收器在南侧,发射器在北侧。避免光学系统朝向强光源和朝向诸如雪或沙之类的反射表面,高纬度地区要加遮光罩。

5.2.4　调试

前向散射能见度仪安装完成后,使用串行线把业务终端连接到仪器上。按要求设置业务终端串口通信参数,启动仪器,输入串口命令查看采样值,确认仪器工作是否正常。

5.2.5　日常维护

1. 维护中,操作员切忌长时间直视发射端镜头,避免损伤眼睛;巡视时,应避免用手电筒等光源直接照射能见度仪采样区域。

2. 定期巡视能见度仪,发现传感器附近(尤其是采样区)有蜘蛛网、鸟窝、灰尘、树枝、树叶等影响数据采集的杂物,应及时清理。

3. 出现大风、沙尘、降雨(雪)等易污染的天气后,应及时清洁。

4. 每月检查供电设施,保证供电安全。每 3 个月要对蓄电池进行充放电 1 次。

5. 每两个月定期清洁传感器透镜,可根据设备附近环境的情况,延长或缩短擦拭镜头的时间间隔,清洁时,用柔软不起毛的棉布或脱脂棉沾无水乙醇擦拭透镜。注意不要划伤透镜表面。

6. 每年春季对防雷设施进行全面检查,复测接地电阻。

7. 按业务要求定期进行现场核查,具体详见 5.2.6 节。

8. 当设备故障时应及时进行维护或维修。

5.2.6　现场核查

1. 核查前准备

(1)能见度仪的外形结构、型号、出厂编号应完好无损。

(2)检查镜头区域是否有蛛网、树叶等异物,若有须清除。

(3)使用皮吹或专用镜头纸清洁发射镜头和接收镜头表面灰尘。

(4)使用皮吹或专用镜头纸清洁散射板和中性衰减滤光片表面污染。

(5)连接计算机,确保通信正常。

2. 现场核查步骤

应在晴朗天气、能见度大于 10 km、风速较小的环境条件下进行核查,注意避免明亮光线直射。设备进入稳定运行状态至少 10 min 后,按以下步骤核查。

(1)在能见度仪接收端安装遮光板,稳定后读取能见度仪输出信号值,应为设备量程上限值,若输出信号值小于设备量程上限值,则视为设备异常,需更换设备。

(2)取下遮光板,安装散射板,稳定后读取设备稳定的输出信号值。

(3)在发射端再安装中性衰减滤光片 A,读取能见度仪输出信号值。

(4)替换中性衰减滤光片 A 为 B,读取能见度仪输出信号值。

注:未配备中性衰减滤光片时,可以仅用遮光板和散射板进行核查(步骤(1)和步骤(2));配备中性衰减滤光片应兼容现有散射板。

3. 核查结果

以核查套件信号强度标称值为标准,按公式(5.3)计算被核查能见度仪输出信号强度值的示值误差:

$$\Delta\delta(S+x)=\frac{\delta(S+x)-\delta(S+x)_r}{\delta(S+x)_r} \tag{5.3}$$

式中,$\Delta\delta(S+x)$ 为被核查能见度仪信号强度值误差;$\delta(S+x)$ 为被核查能见度仪输出信号强度值;$\delta(S+x)_r$ 为核查套件对应的信号强度标称值。

注:$x=0$,A 或 B 分别对应只安装散射板时的 $\delta(S)$、安装散射板和中性衰减滤光片 A 组合时的 $\delta(S+A)$、安装散射板和中性衰减滤光片 B 组合时的 $\delta(S+B)$ 的 3 种情况。

若 $|\Delta\delta(S+x)|\leqslant 10\%$,则判定被核查能见度仪合格,否则应及时维修。

4. 核查周期

前向散射能见度仪第一次使用一个半月后现场核查 1 次;之后每 6 个月现场核查 1 次;每次维修仪器之后都应做现场核查。

能见度仪现场核查套件的校准周期应不超过 2 年。

5.3　透射式能见度仪

透射能见度仪通过测量发射器和接收器之间水平空气柱的平均消光(透射)系数来计算能见度值。发射器提供一个经过调制的定常平均功率的光通量源,接收器主要由光检测器组成。由光检测器输出测定透射系数,再据此计算消光系数和气象光学视程。

透射能见度仪测定气象光学视程是根据准直光束的散射和吸收导致光的损失的原理,所以它与气象光学视程的定义密切相关,观测的能见距离与能见度很一致。

发射器和接收器之间光束传递距离称为基线,可从几米到150 m。它取决于气象光学视程值的范围与测量结果应用情况。

目前,透射能见度仪有双终止透射能见度仪和单终止透射能见度仪两种类型。

1. 发射器和接收器分别处于两个单元内且彼此之间的距离已知,如图5.3所示。

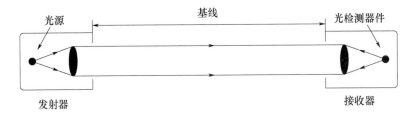

图 5.3　双终止透射能见度仪

2. 发射器和接收器在同一单元内,发射的光由相隔很远的镜面或后向反射器(光束射向反射镜并返回)反射,如图5.4所示。

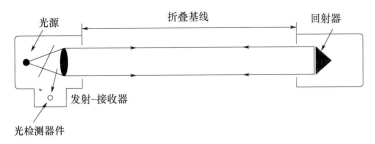

图 5.4　单终止透射能见度仪

透射能见度仪需要较长的基线,占地面积大;当能见度较好时,其探测结果对光源的标定误差、透射光的探测误差和镜头的污染非常敏感。

第6章　降水天气现象

6.1　概述

降水现象是从天空下降固态、液态、混合态水的天气现象。

自动观测降水现象的仪器主要有降水现象仪、二维激光雨滴谱仪等,可观测毛毛雨、雨、雪、雨夹雪和冰雹等 5 种降水现象。

6.1.1　基本概念

1. 雨——滴状的液态降水,下降时清楚可见,强度变化有时缓慢、有时急剧,有时伴有雷暴,落在水面上会激起波纹和水花,落在干地上可留下湿斑。

2. 毛毛雨——稠密、细小而十分均匀的液态降水,下降情况不易分辨,看上去似乎随空气微弱的运动飘浮在空中,徐徐落下。迎面有潮湿感,落在水面无波纹,落在干地上只是均匀地润湿,地面无明显湿斑。

3. 雪——固态降水,大多是白色不透明的六出分枝的星状、六角形片状结晶,常缓缓飘落,强度变化较缓慢。温度较高时多成团降落(雪暴、霰、米雪、冰粒出现时记为雪)。

4. 雨夹雪——半融化的雪(湿雪),或雨和雪同时下降,强度变化有时缓慢、有时急剧。

5. 冰雹——坚硬的球状、锥状或形状不规则的固态降水,雹核一般不透明,外面包有透明的冰层,或由透明的冰层与不透明的冰层相间组成。大小差异大,大的直径可达数 10 mm。常伴随雷暴出现。

6.1.2　要素

降水现象观测包括毛毛雨、雨、雪、雨夹雪、冰雹等 5 种降水现象,以及对应的雨滴图谱数据。

6.1.3　观测记录

1. 降水现象每天 24 h 自动连续记录;每天记录以 20 时 01 分开始,20 时 00 分结束;按出现先后顺序记录现象符号及出现时间;现象间相互转记时,出现时间不重复记录。

2. 同一降水现象一天内出现两次或以上时,其第二次及之后出现的起止时间,接着第一次起止时间分段记录,不再重复记录该现象符号。

3. 降水现象起止时间,凡两段出现的时间间歇在 15 min 或以内时,应作为一次记载;若间歇时间超过 15 min,则另记起止时间。

4. 当降水现象出现时间不足一分钟即已终止时,只记录开始时间,不记录终止时间。

6.2　降水现象仪

6.2.1　原理

不同降水现象的降水粒子,因其物理特性的差异,在粒径和下降末速度的分布上有各自对应关系。根据降水粒子对激光信号的衰减影响程度,检测降水粒子的粒径和下落末速度,确定降水粒子的图谱分布,输出降水现象类型。

当激光束里没有降水粒子降落穿过时,接收装置收到最强的激光信号,输出最大的电压值。当降水粒子穿过水平激光束时,以其相应的粒径遮挡部分激光束,从而使接收装置输出的电压下降。通过电压的大小可以确定降水粒子的粒径大小,从而实现降水粒子的粒径检测;粒子下降通过水平激光束需要一定的时间,通过检测电子信号的持续时间,即从降水粒子开始进入激光束到完全离开激光束所经历的时间,可以推导出降水粒子的下降速度。降水现象仪工作结构如图 6.1 所示。

6.2.2　组成结构

降水现象仪主要由传感器、数据采集单元、供电控制单元和附件等部分组成,其外观示意如图 6.2 所示,组成结构如图 6.3 所示。

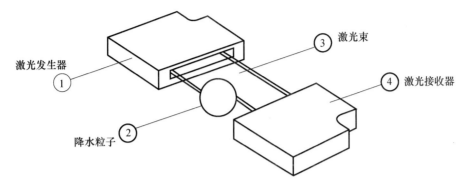

图 6.1　降水现象仪工作结构图

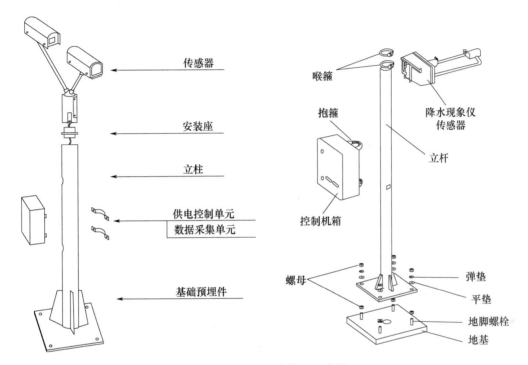

图 6.2　降水现象仪外观示意图

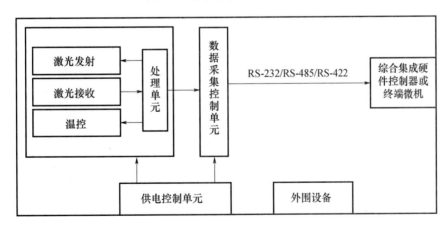

图 6.3　降水现象仪组成结构图

1. 降水现象传感器

传感器包括激光发射和接收、控制处理单元、温度控制等。

2. 数据采集单元

数据采集单元负责处理采样的降水粒子大小、速度、数量等信息,对采样样本进行质量控制、运算处理,输出降水现象类型、雨滴图谱、仪器工作状态等信息。

3. 供电控制单元

降水现象仪采用 DC 12 V 供电,应配蓄电池。

供电控制单元将交流电源或辅助电源(太阳能、风能等)进行转换,并为蓄电池充电。

4. 附件

降水现象仪附件包括:安装底座、立柱、基础预埋件等。

6.2.3　安装

1. 降水现象仪应安装在没有干扰光学测量的遮挡物和反射表面影响的地方,远离产生热量及妨碍降水采集的设施,避免闪烁光源、树荫及污染源的影响。

2. 预置混凝土基础,高出地面 3～5 cm,外露面平整光洁。

3. 预埋件与接地体连接,基础中预留电源、信号管线。

4. 立柱牢固安装在混凝土基础上,传感器安装在立柱上,传感器南北向安装,接收端在南侧,发射端在北侧。

5. 支架(横臂)应水平,采样区域中心距地高度 200 cm。

6.2.4　调试

降水现象仪安装完成后,正确连接电源、信号线、业务终端,设置通信参数,输入通信控制命令,在发射端和接收端之间模拟降水,返回值正确则调试完成。

6.2.5　日常维护

1. 维护时应关闭传感器,如不能关闭,需戴上保护镜,勿直视激光器,以免损伤眼睛。

2. 定期检查降水现象仪,发现采样区有蜘蛛网、鸟窝、灰尘、树枝、树叶等影响数据采集的杂物,应及时清理。

3. 每月检查供电设施,保证供电安全。

4. 每 3 个月定期清洁激光发射和接收装置,用柔软不起毛的棉布或脱脂棉沾无水乙醇擦拭窗口玻璃,注意不要划伤玻璃表面,如果窗口加热功能良好,其表面将很快变干,勿用其他物品清洁。根据设备附近环境的情况,延长或缩短维护的时间间隔,遇沙尘、降雨(雪)等易污染天气时,应及时清洁。

5. 每年春季对防雷设施进行全面检查,复测接地电阻。

6. 按业务要求定期进行现场核查,具体详见 6.2.6 节。

6.2.6　现场核查

1. 核查前准备

(1)用目测的方法,对降水现象仪的外观进行检查。表面完好,标牌和标记完整、清晰,机械结构应完整且无变形。

(2)将现场核查标准装置放入降水现象仪收发光路中间,确保降水现象仪的激光束处在降水粒子模拟单元透光孔的中心位置(即:激光束处在标尺塞的有效区域内),并连接好通信线和电源线。

(3)当降水现象仪的激光束不在透光孔的中心位置时,通过调节测试装置进行高度调节,使激光束处在透光孔的中心位置,以获得准确的测量。

(4)必须保证测试转盘的洁净,然后再进行测试。如果测试转盘表面划伤,应及时更换。

2. 现场核查步骤

应在晴朗天气,能见度大于 10 km,空气温度为 10～30 ℃,风速小于等于 5 m/s,相对湿度小于等于 80％的环境条件下进行现场核查。

降水粒子直径核查点为:4.3 mm,9.5 mm,21 mm;降水粒子速度核查点为:2 m/s,7 m/s,12 m/s。

在每一个降水粒子直径测试点,通过电机控制转盘,分别以降水粒子速度核查点确定的速度进行试验,记录被测雨滴谱降水现象仪输出的降水粒子直径输出通道号、降水粒子速度输出通道号和输出的降水现象。

3. 核查结果

降水粒子直径稳定性测量误差计算见公式(6.1)。

$$\Delta D = D' - D \qquad (6.1)$$

式中,ΔD 为降水粒子直径输出通道稳定性误差;D' 为被测降水现象仪本次测试输出的通道号;D 为被测降水现象仪第一次测试输出的通道号。

降水粒子速度稳定性测量误差计算见公式(6.2)。

$$\Delta V = V' - V \qquad (6.2)$$

式中,ΔV 为降水粒子速度输出通道稳定性误差;V' 为被测降水现象仪本次测试输出的通道号;V 为被测降水现象仪第一次测试输出的通道号。

若 $|\Delta D| \leqslant 2$ 且 $|\Delta V| \leqslant 2$,即被核查降水现象仪本次降水现象输出,与第一次核查的输出结果一致,则判定被核查降水现象仪合格,否则应维修或送国家气象计量站进行校准。

4. 核查周期

第一次使用 45 日后,90 日内现场核查一次;之后每一年现场核查一次;每次维修仪器之后都应做现场核查。

降水现象仪现场核查标准装置的校准周期应不超过 2 年。

6.3　二维激光雨滴谱仪

二维激光雨滴谱仪发射端有两个光源,分别通过准直扩束产生片状光,两片片状光呈正交,分别入射于接收端的两个线阵扫描成像设备,其交叠部分为采样区,当有降水粒子落入采样区时,其影像即被投射到成像设备光敏面上,由于粒子影像区与背景光在光强上强烈变化,使线阵成像设备输出的信号电平在被粒子遮挡的阴影区和非阴影区不同,低电平的阴影区代表了粒子被扫描的横截面。线阵成像设备每次扫描降水粒子一部分图像,当下一个扫描脉冲到来时,降水粒子也相应向下运动一段距离,则可以扫描降水粒子下一部分图像,当降水粒子完全离开成像设备光敏面时,粒子的整个图像扫描完成。并将采集到的图像存储处理,通过智能算法输出降水粒子的形状、直径、轴比、谱分布、下落速度等特征参数。其布局如图 6.4 所示。

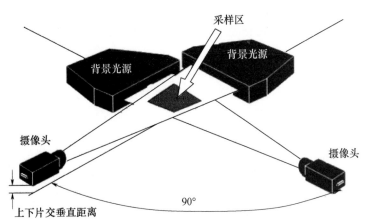

图 6.4　二维激光雨滴谱仪工作布局图

第7章　雷　　电

7.1　概述

雷电是发生在大气中伴随着声、光、电的一种自然放电现象,也称为闪电。完整的放电现象持续时间通常在 1 s 以内,可见部分(云外)一般有分叉现象,呈现明显发光闪烁性,远处可听到雷声。雷电自动观测仪器测定的是放电过程发生时间、位置和声、光、电特征。

自动观测雷电的仪器主要有地基闪电定位仪。

7.1.1　基本概念

雷电现象多出现在强对流天气系统,是指发生在空气中一种瞬态、大电流、高电压、长距离的放电,主要分为云闪和地闪。

云闪:发生在同一块云体或在不同云体之间的放电过程。

地闪:也称为云地闪,指发生于云体与地面之间的放电过程。

另外,根据从云到地之间输送的电荷符号,分为负极性、正极性,简称负闪、正闪。

7.1.2　要素

雷电观测包括放电过程发生时间、位置以及极性、峰值电流等电磁场辐射或光辐射特性值。

7.2　闪电定位仪

7.2.1　原理

雷电现象包含很多单独的物理过程,每种过程均伴随着一定特征的电场和磁场,产生频谱范围极大的电磁辐射,电磁波以光速在地表、大气层中传播。理论上只要观测到任何来自闪电的辐射源信号,都可以用来探测和定位闪电。其中云闪主要产生甚高频电磁辐射,以射线方式传播,范围较小;地闪主要产生低频、甚低频电磁辐射,以地波方式传播,范围较大。

低频/甚低频闪电定位仪利用两个正交磁环天线,采集远距离的闪电辐射源电磁信号,通过放大滤波,分析波形特征鉴别闪电类别,经过数据处理计算测量闪电辐射源到达闪电定位仪的时间、方位角、磁场峰值、电场峰值等特征参量。

单个闪电定位仪可探测闪电的发生,但不能确定闪电发生位置和时间,闪电定位系统需要通过间距合理的多个闪电定位仪组网来定位计算。目前,常见的多站组网定位方法主要有磁方向法、到达时间差法和时差测向混合法。

磁方向法:2 个闪电定位仪采集到同一个闪电辐射源信号,通过测量的方位角计算得到闪电发生时间、位置、极性、峰值电流等信息。

到达时间差法:3 个或以上闪电定位仪采集到同一个闪电辐射源信号,通过测得的到达时间,计算辐射源到达各站的时间差值,计算得到闪电发生时间、位置、极性、峰值电流等信息。

时差测向混合法为上述两种方法的结合。

描述闪电定位系统性能的参数主要有定位误差(一般为千米量级)和探测效率(在给定地区观测到的闪电与实际发生闪电的比例,通常以百分数表示)。需要利用地面实况资料对这两个特性进行评估。

7.2.2　组成结构

闪电定位仪主要由支柱和仪器舱两部分组成,其外观示意如图 7.1 所示,组成结构如图 7.2 所示。

1. 支柱

支柱是一根厚壁钢管,底部有安装盘。仪器舱安装在它的顶端。

2. 仪器舱

仪器舱是一个组合部件,由天线部件、电子盒、电源盒、内部连接电缆、密封圈以及保护罩组成。仪器

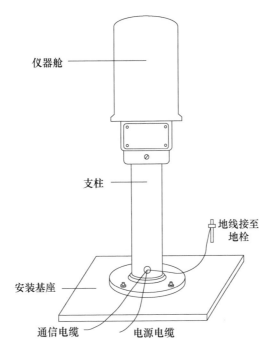

图 7.1 闪电定位仪外观示意图

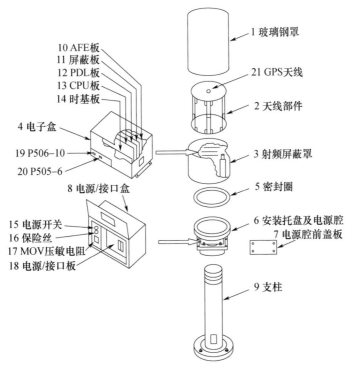

图 7.2 闪电定位仪组成结构图

舱被 4 颗特殊螺钉固定在支柱顶端的槽内,固定螺钉松开后,整个仪器舱可以用手转动,以便安装时校准天线部件的正北方向。在仪器舱的安装托盘上,设计有泄压阀,用于平衡罩内外的气压。

仪器舱实时监测电磁脉冲信号,甄别出雷电信号,进行处理计算,获得波形到达的准确时间、方位角、磁场峰值、电场峰值等相关特征参数,并实时发送。

7.2.3 安装

1. 场地及附近应尽量避免产生观测频段(1~450 kHz)的电磁干扰,电磁噪声应小于闪电定位仪雷电接收机的阈值范围。四周障碍物对探测天线形成的遮挡仰角不得大于 10°。

2. 预置混凝土基础,高出地面 3～5 cm,外露面平整光洁;预埋件与接地体连接,基础中预留电源、信号管线。

3. 设备在安装过程中应注意检查、调整底盘和天线水平。

4. 设备方位标志必须对准正北,方位误差应为±0.25°内。

7.2.4　调试

闪电定位仪安装完成后,检查设备与业务终端的数据通信,进行设备调试,确保数据正常。

7.2.5　日常维护

1. 每月定期对室内电源、通信模块、观测设备进行检查维护,灾害性天气发生后,应及时进行检查维护。

2. 每月检查供电设施,保证供电安全。

3. 每年应检查 1 次干燥剂是否失效,失效时应及时更换。

4. 每 3 年应检查一次密封海绵垫圈的密封性,电解电容失效时应及时更换。

5. 当设备故障时应及时进行维护或维修。

第 8 章 气 压

8.1 概述

自动观测气压的仪器主要有硅电容式数字气压传感器、振筒式气压传感器等。气象台站现用的主要是硅电容式数字气压传感器。

8.1.1 基本概念

气压是作用在单位面积上的大气压力,即等于单位面积上向上延伸到大气上界的垂直空气柱的重量。

8.1.2 要素和单位

气压观测包括分钟本站气压,小时本站气压、小时最高(低)本站气压及出现时间、日最高(低)本站气压及出现时间;计算小时海平面气压。

气压以百帕(hPa)为单位,取 1 位小数;气压国际制单位为帕斯卡,简称帕(Pa)。

8.2 硅电容式数字气压传感器

8.2.1 原理

硅电容式数字气压传感器的感应元件是电容式硅膜盒,其结构如图 8.1 所示。

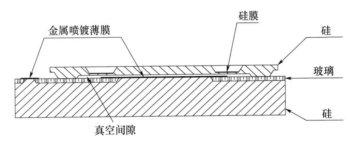

图 8.1 硅电容式数字气压传感器结构图

当外界气压发生变化时,单晶硅膜盒的弹性膜片发生形变,进而引起硅膜盒平行电容器电容量改变,通过测量电容量来计算本站气压。

其额定工作电压为 DC 12 V,通过 RS-232 交互方式输出信号。

8.2.2 组成结构

压力测量电路是由电阻器、电容器和 RC 震荡电路模块组成的 RC 振荡器构成。为进一步提高测量性能,有些气压传感器还具有温度补偿功能。

其外观示意如图 8.2 所示。

8.2.3 安装

气压传感器安装于主采集箱内,通过 RS-232 串口与主采集器连接,气压传感器感应中心距地高度为 120 cm。

8.2.4 调试

气压传感器安装完成后,需配置正确的通信参数(波特率、数据位、停止位、校验位),方能与主采集器正常通信。

8.2.5 日常维护

1. 安装或更换气压传感器应在断电状态下进行。

2. 气压传感器应避免阳光的直接照射和风的直接吹拂。

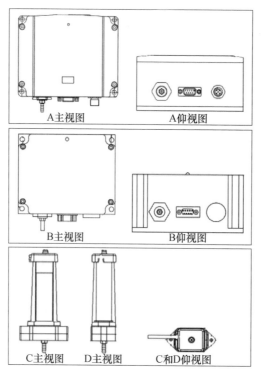

图 8.2　气压传感器外观示意图

3.保持静压气孔口畅通,以便正确感应外界大气压力。

4.配有静压管的气压传感器要定期查看静压管有无堵塞、进水,发现静压管有异物或破损时应及时处理或更换。

5.使用带干燥剂静压管的传感器,要定期检查干燥剂颜色,若潮湿变色应及时更换。

6.每年春季对防雷设施进行全面检查,复测接地电阻。

7.按业务要求定期进行检定,检定周期应不超过 1 年。

8.当设备故障时应及时进行维护或维修。

8.3　振筒式气压传感器

该传感器由两个一端密封的同轴圆筒组成。内筒为振动筒,外筒为保护筒。两个筒的一端固定在公共基座上,另一端为自由端。线圈架安装在基座上,位于筒的中央,其组成结构如图8.3所示。

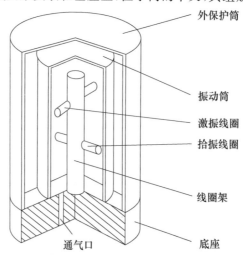

图 8.3　振筒式气压传感器组成结构图

线圈架上相互垂直地装有两个线圈,其中激振线圈用于激励内筒振动,拾振线圈用来检测内筒的振动频率。两筒之间的空间被抽成真空作为绝对压力标准。内筒与被测气体相通,筒壁被作用在筒内表面的压力所张紧,这一张力使筒的固有频率随压力的改变而变化,测出其频率即可计算出本站气压。

安装维护与硅电容式数字气压传感器相同。

8.4　计算海平面气压

为了便于天气分析,需将不同高度的本站气压值订正到同一高度。我国以黄海海面平均高度为海平面基准点。

$$P_0 = P_h \times 10^{\frac{h}{18400\left(1+\frac{t_m}{273}\right)}} \tag{8.1}$$

式中,P_0 为海平面气压(hPa);P_h 为本站气压(hPa);h 为气压传感器海拔高度(m);t_m 为气柱平均温度(℃)。

计算气柱平均温度 t_m 公式:

$$t_m = \frac{t+t_{12}}{2} + \frac{\gamma h}{2} = \frac{t+t_{12}}{2} + \frac{h}{400} \tag{8.2}$$

式中,t 为观测时的气温(℃);t_{12} 为观测前 12 h 的气温(℃);γ 为气温垂直梯度或称为气温直减率,规定采用 0.5 ℃/100 m;h 为气压传感器海拔高度(m),对于测站来说,h 是一个定值,故 $h/400$ 为一常数。

第9章 空气温度和湿度

9.1 概述

地面气象观测中测定的是离地面 150 cm 高度处的空气温度和空气湿度。

自动观测空气温度和空气湿度的仪器主要有铂电阻温度传感器、湿敏电容湿度传感器和气温多传感器标准控制系统。

9.1.1 基本概念

空气温度(简称气温,下同)是表示空气冷热程度的物理量,表征了大气的热力状况。

空气湿度(简称湿度,下同)是表示空气中的水汽含量和潮湿程度的物理量。

湿度变化常与水汽压、相对湿度、露点温度有关。

水汽压(e)——空气中水汽部分作用在单位面积上的压力。

相对湿度(U)——空气中实际水汽压与当时气温下的饱和水汽压之比。

露点温度(T_d)——空气在水汽含量和气压不变的条件下,降低气温达到饱和时的温度。

9.1.2 要素和单位

气温观测包括分钟气温、小时气温、小时最高(低)气温及出现时间、日最高(低)气温及出现时间。

气温以摄氏度(℃)为单位,取 1 位小数。

湿度观测包括分钟相对湿度、小时相对湿度、小时最小相对湿度及出现时间、日最小相对湿度及出现时间。

相对湿度以百分数(%)表示,取整数。水汽压以百帕(hPa)为单位,取一位小数。露点温度以摄氏度(℃)为单位,取一位小数。

9.2 百叶箱

百叶箱用于安装铂电阻温度传感器和湿敏电容湿度传感器,内外均为白色。百叶箱的作用是防止太阳对仪器的直接辐射和地面对仪器的反射辐射,保护仪器免受强风、雨、雪等的影响,并使仪器感应部分有适当的通风,能真实地感应外界空气温度和湿度的变化。

9.2.1 结构

百叶箱通常由玻璃钢材料制成,箱壁两排叶片与水平面的夹角约为 45°,呈"人"字形,箱底为中间一块稍高的三块平板,箱顶为两层平板,上层稍向后倾斜。玻璃钢百叶箱内部高 615 mm、宽 470 mm、深 465 mm。

9.2.2 安装

百叶箱应水平固定在一个特制的玻璃钢支架上,箱门朝正北。支架应牢固地固定在地面或埋入地下。多强风的地方,须在 4 个箱角拉上铁丝纤绳或采用强风板。

9.2.3 维护

1. 百叶箱要保持洁白,内外箱壁每月至少定期清洁一次,清洁时间以晴天上午为宜。不能用水洗,只能用湿布擦拭或毛刷刷拭。百叶箱内的温、湿传感器不得移出箱外;清洁百叶箱不能影响观测数据的准确性。

2. 定期检查百叶箱顶、箱内和壁缝中有无沙尘等影响观测的杂物,若有则用湿布擦拭或毛刷刷拭干净。

3. 百叶箱内不得存放多余的物品。

9.2.4 防辐射罩

为了便于野外考察,可以使用简易防辐射罩。它的上板为伞形,中间有多层环片,下面为防辐射板,温湿传感器置于罩的中部。

9.3 铂电阻温度传感器

9.3.1 原理

铂电阻温度传感器利用金属铂在温度变化时自身电阻也随之改变的特性来测量温度,其准确度和稳定性依赖于铂电阻元件的特性。电阻与温度的关系式为:

$$R_t = R_0(1 + \alpha t + \beta t^2) \tag{9.1}$$

式中,R_0 为 0 ℃时的电阻;R_t 为 t ℃时的电阻;α 和 β 为电阻的一次和二次项温度系数。

铂电阻温度传感器通常采用 $P_t 100$ 电阻,0 ℃时的电阻值为 100 Ω,电阻变化率约为 0.385 Ω/℃。采用四芯屏蔽信号线从敏感元件引出用于测量,使用四线制测温原理,以减少导线电阻引起的测量误差。带标准电阻的四线制电阻测温原理,如图 9.1 所示。

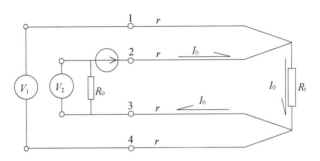

图 9.1 四线制电阻测温原理图

假定传感器的四根导线电阻为 r,在 2 端和 3 端接入标准电阻 R_0,和待测电阻 R_t 串联构成回路。由恒流源提供电流 I_0,由于导线的压降很小,所以 $I_0 = V_1/R_t = V_2/R_0$,即得出 $R_t = R_0 \times V_1/V_2$。

代入式(9.1)中,即可计算出温度。

9.3.2 组成结构

气温传感器一般由精密级铂电阻元件和经特殊工艺处理的防护套组成,其组成结构如图 9.2 所示。

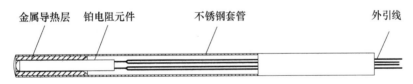

金属导热层 铂电阻元件 不锈钢套管 外引线

图 9.2 温度传感器组成结构图

9.3.3 安装

气温传感器安装在百叶箱内的专用支架上,专用支架固定于百叶箱箱底中部;气温传感器感应部分垂直向下,固定在支架东侧相应位置上,感应元件的中心部分距地高度 150 cm。传感器电缆要连接、固定牢靠。

温、湿度传感器在百叶箱内安装位置,如图 9.3 所示。

9.3.4 调试

温度传感器安装完成后,按要求设置业务终端参数,输入命令查看返回值,确认仪器工作是否正常。

9.3.5 日常维护

1. 定期用干布或毛刷清洁传感器,保持其清洁干燥。维护时,注意避开正点数据采集;百叶箱门打开时间不宜过长、身体部位尽量远离感应部分以免影响观测数据的准确性。切勿强烈碰撞感应部位,以免内部铂电阻被打碎而造成永久性损坏。

2. 定期检查传感器和线缆连接处是否松动。

3. 按业务要求定期进行检定,检定周期应不超过 2 年。

4. 当设备故障时应及时进行维护或维修。

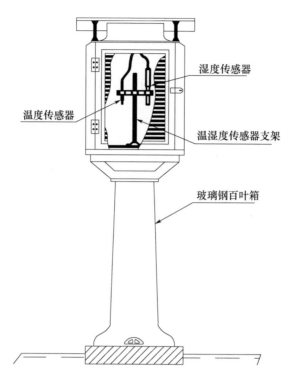

图 9.3　温、湿度传感器在百叶箱内安装位置示意图

9.4　气温多传感器标准控制系统

9.4.1　原理

气温多传感器标准控制系统由气温融合控制器、3 支气温传感器等组成。气温标准控制器采集 3 支气温传感器的数据,经标准化算法确定实时气温值,将实时气温值、各传感器气温采集值以及设备工作状态通过 CAN 总线发送到主采集器。

9.4.2　组成结构

气温多传感器标准控制系统包括 3 支气温传感器、气温多传感器标准控制器、通信接口和外围设备等,其硬件结构示意图如图 9.4。

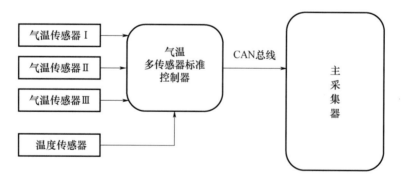

图 9.4　气温多传感器标准控制系统硬件结构示意图

1. 气温传感器

温度测量传感器采用铠装 Pt100 铂电阻温度传感器,并采用 ITS-90 温标。

2. 气温多传感器标准控制器

标准控制器面板上的状态指示灯可以显示设备工作状态,气温多传感器标准控制器示意详见图 9.5。

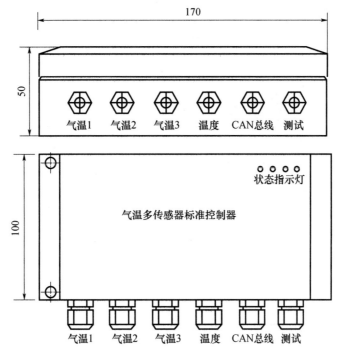

图 9.5　气温多传感器标准控制器示意图（单位 cm）

9.4.3　安装

1. 安装在现有百叶箱内正中位置安装温湿度传感器支架上，支架均匀分布有 8 个孔。

2. 3 支气温传感器安装在支架上的正东、正北、正南（其中正东为气温传感器Ⅰ，正北为气温传感器Ⅱ，正南为气温传感器Ⅲ），1 支湿度传感器安装在支架上的正西，如需增加气温、湿度传感器，可安装在东北、东南、西北、西南 4 个方位。

3. 确保气温、湿度传感器的感应部分中部距地 1.5 m。

4. 气温多传感器标准控制器安装在百叶箱与下基座连接处，通过现有温湿度分采集器的 CAN 总线与主采集器连接，温湿度传感器支架外形结构详见图 9.6。

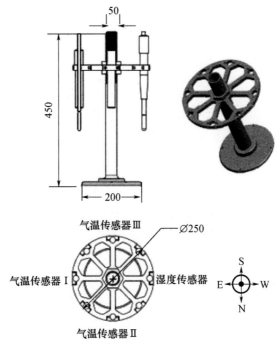

图 9.6　温湿度传感器支架外形结构图（单位 mm）

9.4.4　设备维护

1. 定期用干布或毛刷清洁传感器,保持其清洁干燥。维护时,注意避开正点数据采集。

2. 百叶箱门打开时间不宜过长、身体部位尽量远离感应部分以免影响观测数据的准确性。切勿强烈碰撞感应部位,以免内部铂电阻被打碎而造成永久性损坏。

3. 定期检查传感器和线缆连接处是否松动。

4. 定期检查气温多传感器标准控制器工作状态。

5. 定期维护气温传感器。

6. 当设备故障时应及时进行维护或维修。

9.5　湿敏电容湿度传感器

9.5.1　原理

湿敏电容湿度传感器的感应元件为湿敏电容,一般是用有机高分子薄膜电容制成,其结构如图 9.7 所示。当环境湿度变化时,吸湿膜吸收或释放空气中的水汽,电容两极板间的介电常数发生改变,电容量随之改变,经过核查即可建立测量元件电容量与空气湿度的函数关系。

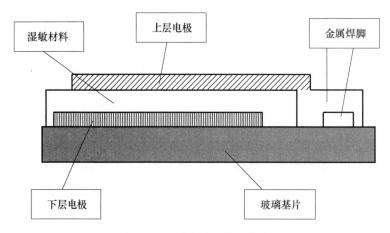

图 9.7　湿敏电容结构示意图

9.5.2　组成结构

湿度传感器通常由感应部件和外套管组成,感应部件位于杆头部。外观示意如图 9.8 所示,A 为传感器正面,B 为传感器侧面。

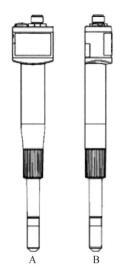

图 9.8　湿度传感器外观示意图

9.5.3　安装

湿度传感器安装在百叶箱内的专用支架上,专用支架固定于百叶箱箱底中部;湿度传感器感应部分垂直向下,固定在支架西侧相应位置上,感应元件中心距地高度 150 cm。传感器电缆要连接、固定牢靠。

湿度传感器启用前取下感应部分保护套。

9.5.4　调试

湿度传感器安装完成后,按要求设置业务终端参数,输入命令查看返回值,确认仪器工作是否正常。

9.5.5　日常维护

1. 防止传感器的感应部分附着水、灰尘等污染物,禁止手触摸感应部分。

2. 定期检查传感器和线缆连接处是否松动。

3. 每月维护传感器的防护罩,查看滤膜是否需要更换。

4. 按业务要求定期进行检定,检定周期应不超过 1 年。

5. 当设备故障时应及时进行维护或维修。

第 10 章　风向和风速

10.1　概述

空气运动产生的气流,称为风。它是由许多在时空上随机变化的小尺度脉动叠加在大尺度规则气流上的一种三维矢量。地面气象观测中测量的风是二维矢量(水平运动),用风向和风速表示。

自动观测风向和风速的仪器主要有单翼风向传感器、光电式风杯风速传感器、霍尔效应风杯风速传感器、螺旋桨式风传感器和超声风传感器等。

10.1.1　基本概念

风向是指风的来向。

最多风向是指在规定时间段内出现频数最多的风向。

风速是指单位时间内空气移动的水平距离。

风速的平均量是指在规定时间段内风速的平均值。

瞬时风速是指 3 s 平均风速。

极大风速是指某个时段内出现的最大瞬时风速值。

最大风速是指在某个时段内出现的滑动 10 min 平均风速最大值。

瞬时、极大、最大风向是指瞬时、极大、最大风速所对应的风向。

10.1.2　要素和单位

风向和风速观测包括 3 s,2 min,10 min 的平均风速和对应的风向;小时最大风速、风向及出现时间;小时极大风速、风向及出现时间;日最大风速、风向及出现时间;日极大风速、风向及出现时间。

风向以度(°)为单位,取整数。风速以米/秒(m/s)为单位,取 1 位小数。

风速≤0.2 m/s(静风)时,风向记 C。

10.2　单翼风向传感器

10.2.1　原理

风向感应器为 1 个低惯性的单翼风向标。风向标随风旋转时,带动同轴的格雷码盘(见图 10.1)同时旋转。按照码盘切槽的设计,格雷码盘每转动 2.8°,光电管组就会产生新的 7 位并行格雷码输出,或者将 7 位格雷码盘进行光电扫描后,将数字信号转换为模拟信号输出。

10.2.2　组成结构

单翼风向传感器由风向标、格雷码盘、光电管组、外壳和信号线插座等主要部件组成,其组成结构如图 10.1 所示。风向标选用质量轻、强度高、刚性好、耐腐蚀的材料制成。部分传感器带有电子调节加热系统,可防止风向标冻结,以保证仪器正常运行。

10.2.3　安装

风横臂按南北向水平架设在牢固的风塔(杆)上,把组装好的风向传感器安装在风横臂上,传感器中轴应垂直,风向传感器在北侧,方位指向正北,风向标中心距地高度 10~12 m。

10.2.4　调试

风向传感器安装完成后,输入命令查看返回值,确认仪器工作是否正常。

10.2.5　日常维护

1. 定期巡查风向标转动是否灵活、平稳;风线缆接头防水性能是否良好是否,必要时更换防水胶布。

2. 台风、冰雹、冻雨等恶劣天气可能会造成风标板或轴承变形,致使传感器转动不灵活,强低温雨雪天气可能会使风向传感器冻结。出现上述天气时,要密切观察传感器工作情况,发现异常(如风向长时间

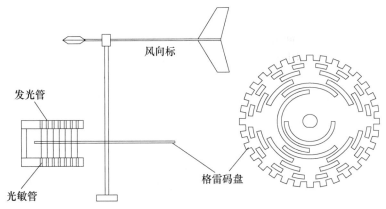

图 10.1　单翼风向传感器组成结构图

在一个范围稳定不变或少变),应及时处理,避免长时间数据异常。

3. 每年定期维护 1 次风向传感器,检查、校准风向标指北方位,当风向传感器指北标识模糊时,可用油性记号笔重新标示。

4. 每年春季对防雷设施进行全面检查,复测接地电阻。

5. 按业务要求定期进行检定,检定周期应不超过 2 年。

6. 当设备故障时应及时进行维护或维修。

10.3　风杯风速传感器

10.3.1　原理

光电式风杯风速传感器采用光电技术:其信号发生器包括截光盘和光电转换器。风杯转动时,通过主轴带动截光盘旋转,光电转换器进行光电扫描产生相应的脉冲信号。在风速测量范围内,风速与脉冲频率成一定的线性关系。其线性方程为:

$$V = a + b \cdot F \tag{10.1}$$

式中,V 为风速,单位为 m/s;a 和 b 为常数;F 为脉冲频率,单位为 Hz。

霍尔效应风杯风速传感器采用电磁感应技术:其信号发生器采用霍尔开关电路,内有 36 只磁体,上下两两相对。风杯转动时,通过主轴带动磁棒盘旋转,18 对磁体形成 18 个小磁场。风杯每旋转一圈,在霍尔开关电路中就感应出 18 个脉冲信号。

在风速测量范围内,风速与脉冲频率成一定的线性关系。其线性方程为:

$$V = c \cdot F \tag{10.2}$$

式中,V 为风速,单位为 m/s;c 为常数;F 为脉冲频率,单位为 Hz。

10.3.2　组成结构

风杯风速传感器外形结构如图 10.2 所示。

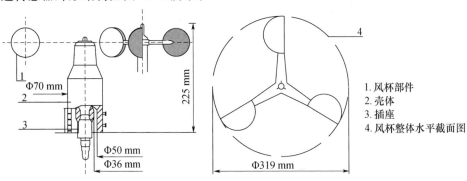

图 10.2　风速传感器外形结构图(单位:mm)

10.3.3　安装

风横臂按南北向水平架设在牢固的风塔(杆)上,把组装好的风速传感器安装在风横臂上,传感器中轴应垂直,风速传感器在南侧,风杯中心距地高度10～12 m。

10.3.4　调试

风速传感器安装完成后,输入命令查看返回值,确认仪器工作是否正常。

10.3.5　日常维护

1.定期巡查风杯转动是否灵活、平稳;风线缆接头防水性能是否良好是否,必要时更换防水胶布。

2.台风、冰雹、冻雨等恶劣天气可能会造成风杯或轴承变形,致使传感器转动不灵活,强低温雨雪天气可能会使风杯传感器冻结。出现上述天气时,要密切观察传感器工作情况,发现异常(如风速长时间为0 m/s),应及时处理,避免长时间数据异常。

3.每年春季对防雷设施进行全面检查,复测接地电阻。

4.业务要求定期进行检定,检定周期应不超过2年。

5.当设备故障时应及时进行维护或维修。

10.4　螺旋桨式风传感器

10.4.1　原理与组成结构

螺旋桨式风传感器是集风向风速测量功能于一体的传感器,传感器由风向组件、风速组件、传感器壳体、安装杆、指北套件和信号变送器等部件组成,其外观示意如图 10.3 所示,组成结构如图 10.4 所示。

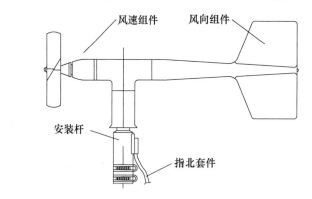

图 10.3　螺旋桨式风传感器外观示意图

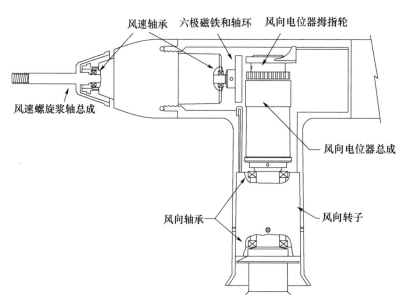

图 10.4　螺旋桨式风传感器组成结构图

风速组件由螺旋桨、风速转轴、风速发电线圈等组成。在风力作用下,螺旋桨转动,带动轴上的磁极旋转,在线圈中感应出正弦信号,其频率随风速的增大而线性增加。

风速与正弦频率信号的关系为:

$$V = k \cdot f \tag{10.3}$$

式中,V 为风速,单位为 m/s;k 为换算系数,单位为 m/(s·Hz);f 为正弦频率,单位为 Hz。

风向组件由尾翼、风向转轴、风向电位器等组成。当尾翼随风向转动时,转轴带动电位器的调节指轮转动,电位器的调节比例与风向对应,即 0%～100% 对应于 0°～360°。风向角度以传感器壳体上的指南线位置为 180°参考点。

螺旋桨式风传感器一般还配有信号变送器,用于将风速正弦频率信号转换为幅度为 5 V 的矩形波频率信号,将风向电位器阻值转换为与 0°～360°风向对应的 0～5 V 模拟信号。

10.4.2　安装

1. 螺旋桨式风传感器应采用风杆或风塔安装,风传感器电缆线从风塔上配备的金属材料穿线管或风杆内部中穿出;风传感器的指北标识应指向正北,方向误差应小于 5°。

2. 在风塔或风杆顶部装配一个垂直于地面的传感器固定杆,再将风传感器装到固定杆上。将定位卡环向上移使定位凸块嵌入风传感器的定位凹槽内,转动定位卡环和传感器,使凹凸定位处指向正南,收紧定位卡环和传感器上的不锈钢喉箍,固定定位卡环和风传感器。

3. 信号变送器固定到安装杆上传感器下方位置,将风传感器电缆接入到信号变送器中,风传感器电缆穿进采集箱防水接头,与采集器或接线端子排的对应端子连接。

4. 风传感器感应部件的中心距地面高度应为 10～12 m。

10.4.3　调试

风传感器安装完成后,输入命令查看返回值,确认仪器工作是否正常。

10.4.4　日常维护

1. 防缠绕。

2. 由于精密滚珠轴承磨损导致起动风速过大时,应进行更换。

3. 更换精密滚珠轴承和风向电位器时应按规定操作。

4. 每年春季对防雷设施进行全面检查,复测接地电阻。

5. 按业务要求定期进行检定,检定周期应不超过 2 年。

6. 当设备故障时应及时进行维护或维修。

10.5　超声风传感器

10.5.1　原理

超声波在空气中的传播速度会与气流速度叠加,若传播方向与风向相同,其速度增大,反之则速度减小。通过测量二维的气流速度并进行矢量运算得到风向、风速值。

超声风传感器通过测量超声波在空气中传播的时间来计算风速,一般采用时差法来测量。时差法是通过一对超声波换能器探头在相对的两个方向分别发射和接收超声波脉冲,测量两个方向的传输时间,计算得到气流速度。发射端超声换能器在激励电路的驱动下,发出超声波脉冲,接收端将接收的超声脉冲转换成电信号并进行处理,从而测得超声波脉冲从发射到接收的时间。通过两个方向传输时间计算气流速度的方法如下:

$$V = \frac{L}{2}\left(\frac{1}{t_1} - \frac{1}{t_2}\right) \tag{10.4}$$

式中,V 为气流速度;L 为发射、接收探头的距离;t_1 和 t_2 为超声波脉冲在两个方向的传输时间。

10.5.2　组成结构

超声风传感器由超声换能器、激励电路、信号处理电路等组成,其外观示意如图 10.5 所示。

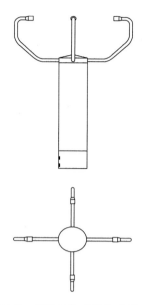

图 10.5　超声风传感器外观示意图

第 11 章 降　水

11.1　概述

降水是指从天空降落到地面上的液态或固态(经融化后)的水,按物理特征的不同分为液态、固态和混合态降水。

自动观测降水的仪器主要有双翻斗雨量传感器、称重式降水传感器、单翻斗雨量传感器和降水多传感器标准控制系统等。

11.1.1　基本概念

降水量是指某一时段内的未经蒸发、渗透、流失的降水,在水平面上积累的垂直深度。

降水强度(降水率)是指单位时间的降水量。

11.1.2　要素与单位

降水量观测包括分钟降水量、小时累计降水量、日累计降水量。

降水量以毫米(mm)为单位,取 1 位小数。

降水强度(降水率)以毫米每分钟(mm/min)为单位,取 1 位小数。

11.2　双翻斗雨量传感器

11.2.1　原理

承雨器收集的降水通过漏斗进入上翻斗,当降水累积到一定量时,由于降水本身重力作用使上翻斗翻转,降水进入汇集漏斗。降水从汇集漏斗的节流管注入计量翻斗时,把不同强度的自然降水调节为强度比较均匀的降水,以减少由于降水强度不同所造成的测量误差。当计量翻斗承受的降水量为 0.1 mm 时,计量翻斗把降水倾倒入计数翻斗,使计数翻斗翻转 1 次。计数翻斗在翻转时,与它相关的磁钢对干簧管扫描 1 次,干簧管因磁化而瞬间闭合 1 次。降水量每达到 0.1 mm 时,对开关信号计数即测得分辨率为 0.1 mm 的降水量。

11.2.2　组成结构

双翻斗雨量传感器由承水器(常用口径为 20 cm)、上翻斗、汇集漏斗、计量翻斗、计数翻斗和干簧管等组成,其组成结构如图 11.1 所示。

11.2.3　安装

预置混凝土基础,高出地面 3～5 cm,外露面平整光洁;预埋件与接地体连接,基础中预留电源、信号管线。

双翻斗雨量传感器通过支架安装在混凝土基础上,承水器口缘距地高度 70 cm,保持器口水平;安装时应调节传感器底座使水平泡在中心圆圈内;信号线接入接线柱旋紧时应注意用力不要过大,以免接线柱背面的焊片跟转而损坏干簧管;安装不锈钢外筒前要将所有雨量翻斗拨到同一个方向,并保证承水器口水平。

11.2.4　调试

双翻斗雨量传感器调试完毕,经校准合格后可直接安装使用;冬季双翻斗雨量传感器停用的台站,第二年重新启用时,应重新调试传感器。

当双翻斗雨量传感器测量误差超出误差范围时,应认真查找原因并调整。

1. 调整上翻斗

当上翻斗出现向下滴流但不翻转现象时,将对应的上翻斗定位螺钉向内旋进,减小上翻斗倾角。

2. 调整计量翻斗

调整计量翻斗的容量调节螺钉,使测量误差在误差范围内。

$$误差＝(实际排水量－测得的降水量)/实际排水量$$

当误差为"＋"时,表示测得的降水量小于实际排水量,应减小计量翻斗的容量,将容量调节螺钉向内旋进;反之,应加大计量翻斗的容量,将容量调节螺钉向外旋出;容量调节螺钉每向内或向外旋转一圈,测量误差减少或增加 3% 左右。

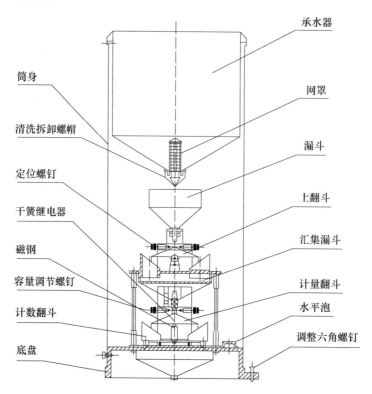

图 11.1　双翻斗雨量传感器组成结构图

11.2.5　日常维护

1. 维护期间,应将信号线从传感器上拆下,避免翻斗误翻产生多余的雨量数据。

2. 定期检查雨量传感器的安装高度,检查传感器底盘上的水平泡,检测器口是否水平、有无变形,发现不符合要求时及时纠正;维护中应避免碰撞承水器的器口,防止器口变形而影响测量准确性。

3. 定期检查承水器,清除内部进入的杂物,检查过滤网罩,防止异物堵塞进水口。

4. 定期检查和清除漏斗、翻斗和出水口沉积的泥沙,保证流水畅通,计量准确,可用干净的脱脂毛笔刷洗。翻斗内壁切勿用手触摸,以免沾上油污影响翻斗计量准确性。

5. 定期检查翻斗翻转的灵活性。发现有阻滞感,应检查翻斗轴向工作游隙是否正常,轴承如有微小的尘沙,可用清水进行清洗;翻斗轴如有变形或磨损,应更换轴承。切勿给轴承加油,以免粘上尘土使轴承磨损。

6. 结冰期停用翻斗雨量传感器的台站,应将承水器加盖,断开信号线;启用前接回信号线,将盖打开。

7. 每年春季对防雷设施进行全面检查,复测接地电阻。

8. 按业务要求定期进行校准,校准周期应不超过 1 年。

9. 当设备故障时应及时进行维护或维修。

11.3　称重式降水传感器

11.3.1　原理

称重式降水传感器的测量原理是通过对质量变化的快速响应测量降水量。载荷元件对重量变化快速响应,把降水引起的重量变化转变为电信号,信号变换电路将载荷元件测得的电信号进行转换,再通过温度修正处理得到重量数据;称重单元通过温度补偿、数字滤波等技术达到全量程范围内的降水准确测量;处理单元对称重单元的信号进行采样,并对采样值进行数据运算处理,计算出分钟降水量和累计降水量。其设计如图 11.2 所示。

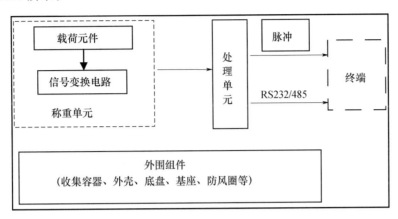

图 11.2　称重式降水传感器设计图

称重式降水传感器通过测量落到盛水桶中降水的质量,根据水的密度换算成降水的体积,再由承水口面积计算出盛水桶中收集的降水总量。计算相邻两分钟的降水总量的差值即得到分钟降水量。由降水质量换算成降水总量的计算公式:

$$P = M/(\rho \times S) \tag{11.1}$$

式中,P 为降水总量;M 为降水总质量;ρ 为水密度;S 为承水口面积。

称重测量技术主要有两种,一种是基于电阻应变技术:敏感梁在外力作用下产生弹性变形,使粘贴在它表面的电阻应变片产生变形,电阻应变片变形后,阻值将发生变化,再经相应的测量电路把这一电阻变化转换为电信号,进而得到降水的质量;另一种是振弦技术:以弦丝为弹性部件,根据其所受拉力与振动频率的对应关系,通过相应的测量电路得到降水的质量。

11.3.2　组成结构

称重式降水传感器主要由承水口、外壳、内筒、载荷元件及处理单元、底座组件和防风圈等部件组成,其外观示意如图 11.3 所示,组成结构如图 11.4 所示。

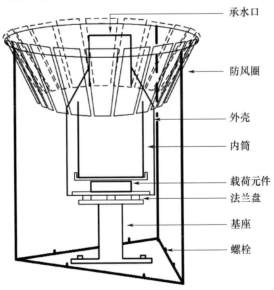

图 11.3　称重式降水传感器外观示意图

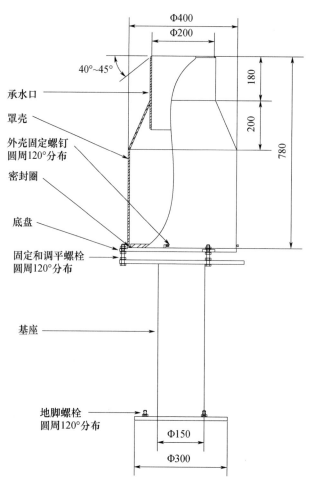

图 11.4　称重式降水传感器组成结构图（单位：mm）

1. 承水口

承水口形状为内径 200 mm 的正圆，口缘呈内直外斜刀刃形，采用铜、铝合金或不锈钢材料制作，以防雨滴溅失和桶口变形，保证承水口采样面积。

2. 外壳

外壳的外形设计呈"凸"字形，具有上窄下宽的特点，可起到防风和减少蒸发的作用。传感器外壳和基座颜色均为白色。

3. 内筒

内筒用于收集降水，盛装防冻液和抑制蒸发油。为方便清空容器内液体，必须配有辅助排水装置。

4. 载荷元件与处理单元

载荷元件用于测量重量变化，处理单元对载荷元件的信号进行采样，并对采样值进行数据运算处理，计算出分钟降水量和累计降水量，并实现质量控制、记录存储、数据通信和传输等功能。

5. 底座组件

底座组件包括底盘、基座和法兰盘等，可以通过选择不同高度的基座改变承水口距地高度。

6. 防风圈

防风圈采用金属材质，表面喷涂防腐蚀、防氧化材料白色涂层，组成结构如图 11.5 所示。

11.3.3　安装

1. 预置混凝土基础，高出地面 3～5 cm，外露面平整光洁；预埋件与接地体连接，基础中预留电源、信号管线。

2. 称重式降水传感器安装在混凝土基础上。承水口保持水平，承水口距地面高度为 120 cm 或

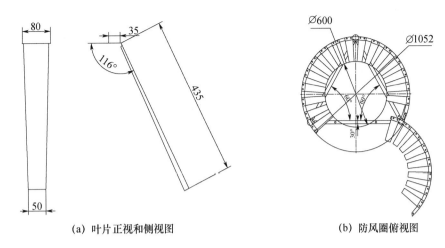

（a）叶片正视和侧视图　　　　　　　　（b）防风圈俯视图

图 11.5　防风圈组成结构图（单位:mm）

150 cm;防风圈高于承水口约 2 cm,防风圈开口朝北。

3. 电源和数据线接到自动站采集器相应的接线端子上。根据各地最低气温历史资料,添加相应配比的防冻液和抑制蒸发油。抑制蒸发油应采用航空液压油,加入量应能完全覆盖液面。防冻液添加量参考防冻液配比表见表 11.1。

表 11.1　防冻液添加量配比表(内筒为 400 mm 降水量的容积)

历年平均最低气温	乙烯乙二醇添加量(L)	甲醇添加量(L)
0 ℃(或以上)	0.0	0.0
−5 ℃	0.7	0.9
−10 ℃	1.1	1.7
−15 ℃	1.6	2.2
−20 ℃	1.8	2.7
−25 ℃	2.1	3.1
−30 ℃	2.4	3.5
−35 ℃(或以下)	2.6	3.8

11.3.4　调试

设备安装完成后,应选择晴朗的天气,使用雨量标准器对传感器进行现场测试,测试方法如下。

先将数据线拔下,将其与雨量校准器的数据线相接,并将雨量校准器清零;用量杯量取 10 mm 水,缓慢倒入内筒,模拟雨强 2~4 mm/min。每次现场测试重复进行 3 次,并分别计算误差。

11.3.5　日常维护

1. 维护之前应先断开称重式降水传感器电源,拔下数据线;维护完毕后,再接上数据线和电源线。

2. 定期检查承水口水平、高度,检查内筒内液面高度,发现不符合要求时及时纠正。

3. 定期检查清洁仪器,清除承水口的蜘蛛网及其他堵塞物。如遇有承水口沿被积雪覆盖,应及时将口沿积雪扫入桶内,口沿以外的积雪及时清除。

4. 每次较大降水过程后及时检查,防止溢出。

5. 预计将有沙尘天气但无降水,应及时将桶口加盖;沙尘天气结束后及时取盖。

6. 降水过程中,因降水量较大可能超过量程时,应在降水间歇期及时排水。

7. 每月检查供电设施,保证供电安全。

8. 每年春季对防雷设施进行全面检查,复测接地电阻。

9. 按业务要求定期进行校准,校准周期应不超过 1 年。

10. 当设备故障时应及时进行维护或维修。

11.4　单翻斗雨量传感器

11.4.1　原理

降水通过承水器,再通过一个过滤斗流入翻斗里,当翻斗流入一定量的雨水后,翻斗翻转,倒空斗里的水,翻斗的另一个斗又开始接水,翻斗的每次翻转通过干簧管转成脉冲信号(1 脉冲为 0.1 mm)传输到采集系统。仪器测量范围 0～4 mm/min。

11.4.2　组成结构

单翻斗雨量传感器主要由承水器(面积为 200 cm²)、过滤漏斗、翻斗、干簧管和底座等组成,其组成结构如图 11.6 所示。

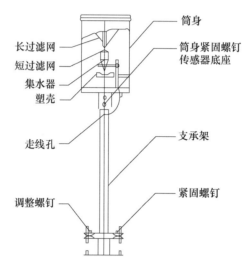

图 11.6　单翻斗雨量传感器组成结构图

11.5　降水多传感器标准控制系统

11.5.1　原理

降水多传感器标准控制系统由降水标准控制器、3 个翻斗雨量传感器等组成。降水融合控制器采集 3 个翻斗雨量传感器的数据,经标准化算法确定实时降水量值,将实时降水量值、各传感器降水量采集值以及设备工作状态通过 CAN 总线发送到主采集器。

11.5.2　组成结构

降水多传感器标准控制系统包括:3 个翻斗式雨量传感器、降水多传感器标准控制器、通信接口和外围设备等,其硬件结构示意图如图 11.7。

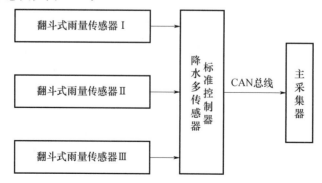

图 11.7　降水多传感器标准控制系统硬件结构示意图

降水多传感器标准控制器设有单独的控制器机箱,结构示意详见图11.8。

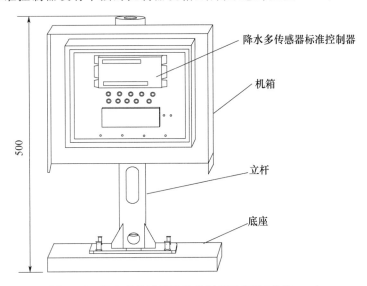

图 11.8　降水多传感器标准控制器示意图(单位:mm)

11.5.3　安装

1.降水多传感器标准控制系统中 3 个翻斗式雨量传感器两两相距 1.5 m,成等边三角形分布,如图 11.9。

2.预置混凝土基础,与地面齐平;预埋件与接地体连接,基础中预留电源、信号管线。

3.降水多传感器标准控制器机箱支架应牢固安装在混凝土基础上。

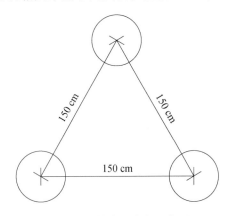

图 11.9　传感器分布示意图

11.5.4　设备维护

1.维护期间,应将信号线从传感器上拆下,避免翻斗误翻产生错误的雨量数据。

2.定期检查雨量传感器的安装高度,检查传感器底盘上的水平泡,检测器口是否水平、有无变形,发现不符合要求时及时纠正;维护中应避免碰撞承水器的器口,防止器口变形而影响测量准确性。

3.定期检查承水器,清除内部进入的杂物,检查过滤网罩,防止异物堵塞进水口。

4.定期检查和清除漏斗、翻斗和出水口沉积的泥沙,保证流水畅通,计量准确,可用干净的脱脂毛笔刷洗。翻斗内壁切勿用手触摸,以免沾上油污影响翻斗计量准确性。

5.定期检查翻斗翻转的灵活性。发现有阻滞感,应检查翻斗轴向工作游隙是否正常,轴如有微小的尘沙,可用清水进行清洗;翻斗轴如有变形或磨损,应更换轴承。切勿给轴承加油,以免粘上尘土使轴承磨损。

6.定期检查降水多传感器标准控制器工作状态。

7.每年春季对防雷设施进行全面检查,复测接地电阻。

8.当设备故障时应及时进行维护或维修。

第 12 章　雪　　深

12.1　概述

自动观测雪深的仪器主要有超声波式雪深仪、激光式雪深仪等。

12.1.1　基本概念

雪深是指从积雪表面到地面的垂直深度。

12.1.2　要素和单位

雪深观测包括分钟雪深和小时雪深。

雪深以厘米(cm)为单位,取整数。

12.2　雪深仪

12.2.1　原理

雪深仪利用发射波束(光波、声波或电磁波等)遇到障碍物反射回来的特性测量雪深。

1. 超声波式雪深仪

通过测量超声波脉冲发射和返回的时间计算测距探头到目标物的距离,实现雪深的自动连续监测。超声波测距的原理如图 12.1 所示。其核心测距部件是 50 kHz(超声波)压电传感器,并配置有温度传感器和通风辐射屏蔽罩进行温度补偿,用来修正声波速率随气温变化引起的误差,提高测量准确性。

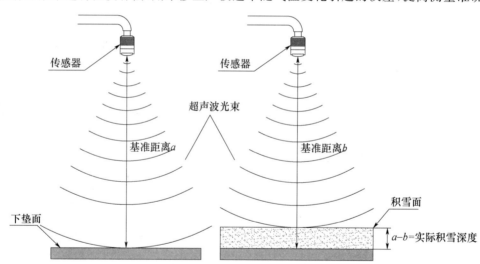

图 12.1　DSJ1 型超声波式雪深仪测距原理图

2. 激光式雪深仪

采用相位法测距,用无线电波段频率对激光束进行幅度调制并测定调制光往返测线一次所产生的相位延迟,再根据调制光的波长,换算此相位延迟所代表的距离。相位法激光测距的原理如图 12.2 所示。

激光往返距离 L 产生的相位延迟为 φ,是所经历的 n 个完整波的相位及不足一个波长的分量的相位 $\Delta\varphi$ 的和,即:$\varphi = 2n\pi + \Delta\varphi$。

距离 L 与相位延迟 φ 的关系为:

$$L = (c/2) \cdot \varphi/(2\pi f) \tag{12.1}$$

式中,c 为光速;f 为调制激光的频率;φ 为激光发射和接收的相位差。

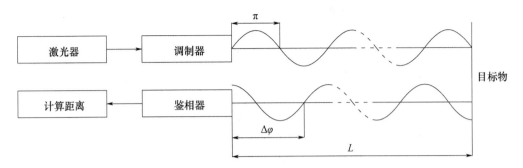

图 12.2 相位法激光测距原理图

12.2.2 组成结构

雪深仪由测距探头、处理控制单元和安装支架等组成。其组成结构如图 12.3～12.4 所示。

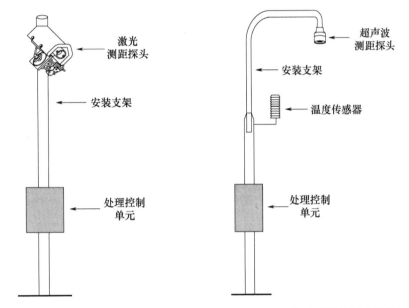

图 12.3 激光式雪深仪组成结构图　　图 12.4 超声波式雪深仪组成结构图

12.2.3 安装

1. 观测地段应符合以下要求:能反映本地较大范围内的降雪特点;平坦开阔的自然下垫面;避开洼、风口、易发生积水的地段;布设在最多风向的上风方。

2. 预置混凝土基础,与地面齐平;预埋件与接地体连接,基础中预留电源、信号管线。

3. 雪深仪支架应牢固安装在混凝土基础上。测距探头距地面垂直高度为 150 cm 或 200 cm(可根据历史雪深最大记录选取)。

4. 超声波式雪深仪测距探头水平向下,激光式雪深仪测距探头朝西,测量路径上应无任何遮挡。

12.2.4 调试

雪深仪安装完成后,按要求设置业务终端参数,输入命令查看返回值,确认仪器工作是否正常。

12.2.5 日常维护

1. 入冬前,应检查雪深仪供电、防雷接地、数据线连接等情况。平整好雪深观测地段,清除杂草,标定基准面,校准测距探头的高度。采用超声波式雪深仪时,要校准测距探头水平。

2. 雪深仪工作期间,定期检查设备外观、运行情况,保持基准面平整,禁止任何物体进入观测区域。定期检查超声波测距探头干燥剂,若失效应及时更换;定期检查并保持激光测距探头的清洁。

3. 雪深仪长时间不用时,断开电源线和数据线;清洁激光测距探头,加防护罩,定期给蓄电池充放电。

4. 每月检查供电设施,保证供电安全。

5. 每年春季对防雷设施进行全面检查,复测接地电阻。

6. 按业务要求定期进行检定,检定周期应不超过 1 年。

7. 当设备故障时应及时进行维护或维修。

第 13 章 蒸 发

13.1 概述

自动观测蒸发采用超声波蒸发传感器,通过附加在测量筒上的超声波传感器,测量水面的初始高度和蒸发后的高度,计算出蒸发量。

13.1.1 基本概念

蒸发量是水面蒸发量,它是指一定口径的蒸发器,在一定时间间隔内因蒸发而失去的水层深度。

13.1.2 要素和单位

蒸发量观测包括分钟蒸发量、小时累计蒸发量、日累计蒸发量。

蒸发量以毫米(mm)为单位,取 1 位小数。

13.2 超声波蒸发传感器

13.2.1 原理

超声波蒸发传感器基于连通器和超声波测距原理,选用高精度超声波探头,根据超声波脉冲发射和返回的时间差来测量水位变化,并转换成电信号输出,计算某一时段的水位变化即得到该时段的蒸发量。

13.2.2 组成结构

蒸发器由蒸发桶、水圈、连通管、测量筒、超声波传感器、通风防辐射罩和溢流桶等部件组成,其组成结构如图 13.1 所示。

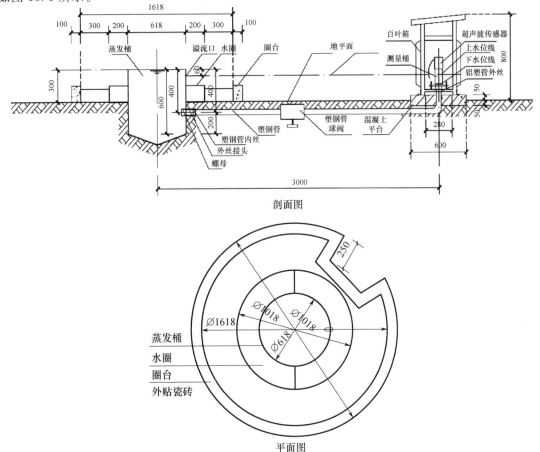

图 13.1 超声波蒸发传感器组成结构图(单位:mm)

1. 蒸发桶用白色玻璃钢制成,是一个器口面积为 3000 cm² 、有圆锥底的圆柱形桶,器口为圆形,口缘为内直外斜的刀刃形,在桶壁上开有溢流口。

2. 水圈用白色玻璃钢制成,由 4 个相同的宽 20 cm 的弧形水槽组成,安装在蒸发桶四周,每个水槽的壁上开有排水孔。水圈内的水面应与蒸发桶内的水面接近,其作用一是减少太阳辐射对蒸发量的影响;二是减少降水对蒸发量的影响。

3. 百叶箱或蒸发传感器通风防辐射罩用白色玻璃钢制成,用于安装超声波传感器和测量筒,其作用是减少太阳对超声波传感器的辐射,以提高超声波传感器的测量精度。

4. 测量筒用不锈钢制成,与蒸发桶连接组成一个连通器,使测量筒的水位和蒸发桶一致。连通管可消除蒸发桶内水面波动对测量结果造成的影响,减少测量误差。

5. 超声波传感器安置在测量筒上,根据超声波测距的原理,精确测量出测量筒内水面高度,根据两个时刻的水位差计算出该时段内的蒸发量。

6. 溢流桶是承接因降水较大时由蒸发桶溢出降水的圆柱形盛水器,可用镀锌铁皮或其他不吸水的材料组成。桶的横截面以 300 cm² 为宜,溢流桶应放置在带盖的套箱内。

13.2.3 安装

通风防辐射罩位于蒸发桶北侧,门朝南,两者中心相距 3 m。安装蒸发桶时,力求少挖动原土。蒸发桶口缘应水平,并高出地面 30 cm。防塌圈的外径应为 181.8 cm,内径应为 161.8 cm。向蒸发桶内注水时,应特别注意将连通器管道内的空气完全排出,以免影响测量的准确性。水圈与蒸发桶必须密合,其高度应低于蒸发桶口缘 5~6 cm。水圈与地面之间的土圈应取与坑中土壤相接近的土壤填筑,其高度应低于蒸发桶口缘约 7.5 cm。

1. 制作通风防辐射罩安装混凝土基座,将通风防辐射罩牢固安装在基座上。然后,将测量筒和超声波传感器水平、稳固的安装在通风防辐射罩底板上。

2. 挖好安装蒸发桶的土坑,在通风防辐射罩基座和土坑之间挖一南北走向的土沟用于安装连通管。将蒸发桶埋入土坑,调整高度和水平,桶外壁与坑壁间的空隙,用少量原土回填。

3. 安装管件和阀门,将蒸发桶和测量筒接通并注水试验,检查管件、阀门各接头是否漏水。

4. 将蒸发桶外壁与坑壁间的空隙,用原土回填捣实。

5. 调节测量筒的高度,使测量筒最高水位刻度线稍高于蒸发桶溢流口。

6. 在蒸发桶四周砌筑防塌圈,可用预制弧形混凝土块拼成,或用水泥、砖块砌成,外露面贴白瓷片。在防塌圈东北方向,应留一个长约 40 cm、宽约 25 cm 的缺口,以便于业务人员测量和检查。

7. 将水圈安放在蒸发桶四周,并紧贴蒸发桶壁。

8. 连接信号线电缆。

13.2.4 调试

蒸发传感器安装完成后,向蒸发桶注水,当水从溢流口溢出时,停止注水。用万用表测量传感器的输出信号,电流值应在 4~20 mA。

13.2.5 日常维护

1. 蒸发传感器维护期间,应当暂停蒸发观测,维护完成后,再启动观测,防止因维护操作而引起数据异常。维护尽量选择蒸发量小的时段。

2. 定期清洁通风防辐射罩。

3. 蒸发桶定期清洗换水,检查清理不锈钢测量筒内的异物,一般每月 1 次。

4. 蒸发桶内水位过低时应及时加水,水位过高时应及时取水,以免影响测量准确性。

5. 定期检查蒸发器的安装情况,如发现不水平、高度不符合要求等,要及时予以纠正。

6. 每年在汛期前后(冰冻期较长的地区,在开始使用前和停止使用后),应各检查 1 次蒸发器的渗漏情况;如果发现问题,应进行处理。停用后,把电缆插头拔掉,将传感器探头取出放到室内。

　　7. 超声波蒸发传感器测量精度高,安装尺寸要求非常严格,切勿撞击或用手触摸超声传感器的探头。

　　8. 每年春季对防雷设施进行全面检查,复测接地电阻。

　　9. 按业务要求定期进行检定,检定周期应不超过 2 年。

　　10. 当设备故障时应及时进行维护或维修。

第 14 章　辐　　射

14.1　概述

太阳照射到地球表面及从地球表面发射的各种辐射通量,是地球和地球表面及大气热量收支最重要的变量。太阳辐射能是地球大气最重要的能量来源,太阳、地球和大气的辐射过程是形成气候的主要因子之一。

地面辐射测量通常有以下 3 种分类方式。

1. 根据辐射来源分为太阳辐射和地球辐射。

2. 根据光谱范围分为短波辐射和长波辐射。

3. 根据接收方向分为向上辐射和向下辐射。

14.1.1　基本概念

1. 太阳辐射

太阳辐射是由太阳发射出来的辐射能量,99.9% 集中在 $0.2 \sim 10~\mu m$(微米)的波段,其中波长短于 $0.4~\mu m$ 的称为紫外辐射,$0.4 \sim 0.76~\mu m$ 的称为可见光辐射,长于 $0.76~\mu m$ 的称为红外辐射。

太阳辐射的波长与频率的关系由光速确定:

$$\nu\lambda = c \tag{14.1}$$

式中 ν 为太阳辐射的频率;λ 为太阳辐射的波长;c 为真空中的光速,$c = 3 \times 10^8$ m/s。

2. 紫外辐射

紫外辐射是指波长小于可见光辐射而大于 X 射线的电磁辐射,其波长在 $0.1 \sim 0.4~\mu m$ 之间,可细分为 3 个波段。

长波紫外辐射 UV-A 为 $0.315 \sim 0.400~\mu m$。

中波紫外辐射 UV-B 为 $0.280 \sim 0.315~\mu m$。

短波紫外辐射 UV-C 为 $0.100 \sim 0.280~\mu m$。

UV-A 处在可见光光谱外,对人类无明显影响;UV-B 所占比重虽低,但对人类健康和环境有重要影响,大部分 UV-B 已被大气臭氧吸收,大气中臭氧含量减少会导致地面 UV-B 的增加;UV-C 在大气的上层已被臭氧完全吸收,不会到达地球表面。

另外,UV-A 与 UV-B 统称为全紫外辐射,即 UV-AB。

3. 光合有效辐射

光合有效辐射是指对植物光合作用有效的、集中在可见光波段的太阳辐射。通常指波长在 $0.4 \sim 0.7~\mu m$ 的太阳辐射。作为光合有效辐射,其计量单位既可采用能量单位瓦/平方米(W/m^2),也可采用量子单位微摩尔/(秒·平方米)$[\mu mol/(s \cdot m^2)]$。

4. 短波辐射

太阳光谱在 $0.29 \sim 3.0~\mu m$ 范围,称为短波辐射,也称为日射,约占太阳总能量的 97%,目前主要观测这部分太阳辐射。

5. 长波辐射

长波辐射是地球表面、大气、气溶胶和云层所发射的辐射,波长范围为 $3 \sim 100~\mu m$,也称为地球辐射。地球平均温度约为 300 K,地球辐射能量中 99% 的波长大于 $5~\mu m$。

6. 环日辐射

太阳周围一个非常狭窄的环形天空辐射称为环日辐射。

7. 直接辐射

直接辐射是指太阳以平行光束直接投射到地面上的太阳辐射。在辐射观测中,是指来自太阳面的直接辐射和环日辐射,可以用直接辐射表来测量。常用 S 表示。

8. 水平面直接辐射

水平面直接辐射是指水平面上接收到的直接辐射。常用 S_L 表示。S_L 与 S 的关系为

$$S_L = S \cdot \sin H_A = S \cdot \cos Z \tag{14.2}$$

式中,H_A 为太阳高度角;Z 为天顶距($Z = 90° - H_A$)。

9. 散射辐射

散射辐射是指太阳辐射经过大气散射或云的反射,从天空 2π 立体角以短波形式向下到达地面的那部分辐射。可用总辐射表遮住太阳直接辐射的方法测量。常用 $E_d \downarrow$ 表示。

10. 总辐射

总辐射是指在水平表面上从 2π 球面度立体角中接收到的太阳直接辐射和太阳散射辐射之和。可用总辐射表测量。常用 $E_g \downarrow$ 表示。

$$E_g \downarrow = S_L + E_d \downarrow \tag{14.3}$$

白天太阳被云遮蔽时,$E_g \downarrow = E_d \downarrow$,夜间 $E_g \downarrow = 0$。

11. 反射辐射

总辐射到达地面后被下垫面(作用层)向上反射的那部分短波辐射,可用总辐射表感应面朝下测量,常用 $E_r \uparrow$ 表示。

12. 反射比

反射比用来反映下垫面的反射能力,常用 E_k 表示。

$$E_k = \frac{E_r \uparrow}{E_g \downarrow} \tag{14.4}$$

反射比通常又称作反照率、反射因素。

13. 太阳常数

在日地平均距离处,地球大气外界垂直于太阳光束方向上接收到的太阳辐照度,称为太阳常数,用 S_0 表示。1981 年世界气象组织(WMO)推荐了太阳常数的最佳值是 $S_0 = 1367 \pm 7 \ W/m^2$。

14. 大气长波辐射

大气以长波形式向下发射的那部分辐射,或称大气逆辐射。常用 $E_L \downarrow$ 表示。

15. 地面长波辐射

地球表面以长波形式向上发射的辐射(包括地面长波反射辐射),也称地球辐射。它与地面温度有密切联系。常用 $E_L \uparrow$ 表示。

16. 全辐射

短波辐射与长波辐射之和称为全辐射。波长范围为 $0.29 \sim 100 \ \mu m$。

17. 净全辐射

净全辐射是指太阳与大气向下发射的全辐射和地面向上发射的全辐射之差值,也称为净辐射或辐射差额。其表示式为:

净全波辐射

$$E^* = E_g \downarrow + E_L \downarrow - E_r \uparrow - E_L \uparrow \tag{14.5}$$

净短波辐射

$$E_g^* = E_g \downarrow - E_r \uparrow \tag{14.6}$$

净长波辐射

$$E_L^* = E_L \downarrow - E_L \uparrow \tag{14.7}$$

以上各种辐射相互之间的关系,如图 14.1 所示。

18. 光合光子通量密度

光合光子通量密度是指照射到物体表面一点处的面元上的光子通量除以该面元的面积,也称光子照度。单位为 $m^{-2} \cdot s^{-1}$,为了不使测量结果的量值过大,除以阿伏伽德罗常数(单位:mol^{-1}),单位则可简

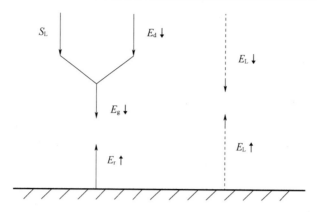

图 14.1 各种辐射量关系示意图

化为 $\mu mol \cdot m^{-2} \cdot s^{-1}$。

19. 光合光子辐照量

光合光子辐照量是指光合光子通量密度的时间积分量,也称曝光子量。单位为 $mol \cdot m^{-2}$ 或 $\mu mol \cdot m^{-2}$。

20. 辐射仪器灵敏度

辐射仪器灵敏度是指仪器达到稳态后输出量与输入量之比,也就是单位辐照度产生的电压微伏数。常用 K 表示,单位为 $\mu V \cdot W^{-1} \cdot m^2$,取两位小数。

21. 辐照度

辐照度是指照射到物体表面某一面元上的辐射通量除以该面元的面积,即照射到物体单位面积上的辐射通量,亦即辐射通量密度。常用 E 表示。

22. 曝辐量

曝辐量是指接收到的辐射能的面密度,也就是辐照度对时间的积分。常用 H 表示,$H = \int E dt$。

14.1.2 要素和单位

辐射观测要素和单位如下。

1. 各辐射项目均应观测辐照度、曝辐量、最大辐照度及其出现时间;光合有效辐射应观测光合光子通量密度、曝光子量、最大光合光子通量密度及其出现时间。

2. 直接辐射项目还应观测水平面直接辐射的曝辐量、日照时数。

3. 净全辐射和长波辐射项目还应观测最小辐照度及其出现时间。

4. 当有总辐射和反射辐射项目时还应计算反射比。

5. 总辐射、净全辐射、散射辐射、直接辐射、反射辐射、大气长波辐射、地球长波辐射辐照度单位为瓦每平方米($W \cdot m^{-2}$),取整数;曝辐量单位为兆焦耳每平方米($MJ \cdot m^{-2}$),取两位小数,$1 MJ = 10^6 J = 10^6 W \cdot s$。

6. UV-AB、UV-A、UV-B 辐射辐照度单位为瓦每平方米($W \cdot m^{-2}$),取两位小数;曝辐量单位为兆焦耳每平方米($MJ \cdot m^{-2}$),取 3 位小数。

7. 光合有效辐射光合光子通量密度单位为微摩尔每平方米每秒($\mu mol \cdot m^{-2} \cdot s^{-1}$);曝光子量单位为摩尔每平方米($mol \cdot m^{-2}$),取两位小数。

8. 日照时数的单位为小时(h),取 1 位小数。

9. 反射比单位为百分比(%),取整数。

14.1.3 辐射表的性能指标

国际标准化组织和世界气象组织提供的对各种辐射仪器性能规格的要求,主要有:

1. 灵敏度:传感器对被测量变化的反应能力,也称响应度,其倒数称为校准因子。

2. 响应时间:传感器对输入被测量的反应速度。通常以传感器的反应达到输入量 95% 或 99% 的时间来计算,以时间较短者的性能为优。

3. 零偏移:环境温度变化引起的仪器零点的响应,分为 A 类零偏移和 B 类零偏移。A 类零偏移为通风情况下仪器对 200 W·m^{-2}净热辐射的响应;B 类零偏移为仪器对环境温度变化 5 K·h^{-1}的响应。

4. 稳定性:灵敏度年变化率。

5. 方向响应:假定垂直入射灵敏度对所有方向都是一致的,当法向辐照度为 1000 W·m^{-2}时,从任何其他方向入射所引起的误差范围。

6. 温度响应:由环境温度在间隔 50 K 范围内的变化引起的最大百分率偏差。

7. 非线性:100～1100 W·m^{-2}辐照度变化对 500 W·m^{-2}辐照度响应度的百分比偏差。

8. 倾斜响应:仪器倾斜角度变化引起的灵敏度变化。

14.1.4　基本原理与方法

测量辐射能有多种方法,都是基于将辐射能转变为其他便于测量的能量形式进行测量的。

气象辐射传感器按原理可分为热电型传感器和光电型传感器两种类型。前者利用传感器的热电效应,如总辐射表、直接辐射表、长波辐射表;后者利用传感器的光电效应,如紫外辐射表、光合有效辐射表。

1. 热电型传感器利用传感器表面的黑色涂层吸收入射的辐射能,将其转换成热能,进而利用温度上升引起的传感器电参数的规律性变化进行测定。由于黑色涂层对各种波长的辐射能具有基本一致的响应,因此,在辐射测量中热电型传感器一直居主导地位。

热电型传感器由感应面与热电堆组成,如图 14.2 所示。感应面是薄金属片,涂上吸收率高、光谱响应好的无光黑漆。紧贴在感应面下部的是热电堆,它与感应面保持绝缘。热电堆工作端(热端)位于感应面下方,参考端(冷端)位于隐蔽处。为了增大仪器的灵敏度,热电堆由康铜丝绕在骨架上,其中一半镀铜,形成几十对串联的热电偶。

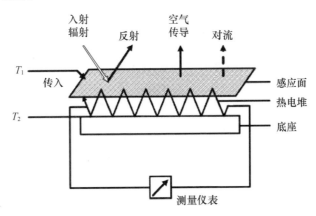

图 14.2　热电型辐射表组成图

当辐射表对准辐射源(如太阳),感应面黑体吸收辐射能而增热时,下面的热电堆冷、热两端形成温度差,进而产生电动势。辐照度 E 越强,热电堆两端的温差就越大,输出的电动势 V 也就越大,它们的关系基本是线性的:

$$V = K \times E \tag{14.8}$$

$$K = V/E \tag{14.9}$$

式中,电压 V 的单位为 μV;辐照度 E 的单位为 W·m^{-2};K 为仪器的灵敏度,单位为 μV·W^{-1}·m^2,取 2 位小数。

K 值是否稳定,是衡量一个辐射表等级标准的重要指标。此外,灵敏度还随辐照度和环境条件(如温度、湿度、风)等的改变而产生变化。若已知 K,测量辐射表输出电压,就可确定辐照度的强弱。通常热电型辐射表是相对仪器,它与标准仪器比对(检定)后,得出仪器灵敏度 K。

2. 光电型传感器是利用某些物体受辐射照射后,引起物体电学性质的改变,即发生所谓的"光电效应"而制成的器件。此过程比物体的加热过程要快得多,因此与热电型传感器相比,其优点是响应时间短、灵敏度高。

14.2　全自动太阳跟踪器/遮光装置

14.2.1　组成结构

全自动太阳跟踪器/遮光装置由全自动太阳跟踪器和遮光装置两部分组成。全自动太阳跟踪器组成结构包括双轴跟踪器、四象限传感器、控制模块以及其他硬件部件(如立柱、控制箱)。遮光装置为以双轴跟踪器赤纬轴驱动的平行四边形联动机构,遮光球圆心和被遮光仪器感应面中心的连线与直接辐射表、四象限传感器轴线平行。全自动太阳跟踪器/遮光装置的外观示意如图 14.3 所示。

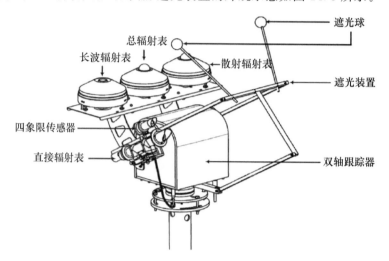

图 14.3　全自动太阳跟踪器/遮光装置外观示意图

双轴跟踪器具有两个相互垂直的轴,即时角轴和赤纬轴。四象限传感器与赤纬轴垂直安装,时角轴带动四象限传感器实现方位角的改变,赤纬轴带动四象限传感器实现仰角的改变。通过方位角和仰角正交运动的合成实现对太阳的跟踪。四象限传感器主要是通过类似于太阳直接辐射表准直光筒的机械结构获取太阳直射光线在四象限光伏探测器上形成的圆形光斑,再根据光斑在四象限光伏探测器上的位置变化来判断太阳的位置变化。四象限传感器将跟踪器与太阳的角偏差转换为电信号,测量电路对传感器的输出信号进行测量和处理以判定偏差状态。四象限传感器结合了双轴自动跟踪和被动式光电自动跟踪两种模式的优点,实时测定辐照度值,根据光照条件,在两种模式之间自动切换,当辐照度低于设定阈值时,根据时间函数,切换为程序跟踪,从而实现全天候自动跟踪太阳。

全自动太阳跟踪器是测量直接辐射的必备装置,目的是保证直接辐射表的进光筒始终对准太阳。太阳跟踪器还用于散射辐射表和大气长波辐射表的自动遮光。在跟踪器上安装遮光装置,把太阳直接辐射从传感器上遮去,用于测量散射辐射并防止太阳对长波辐射表的硅半球罩加热,减小直接辐射对长波辐射表的影响。通常,总辐射表也安装在太阳跟踪器上,以减少方向性误差的影响。

14.2.2　安装

应安装在观测场的南部。为避免障碍物影响,也可将安装地点选在楼顶平台;应视野开阔,尽量避开障碍物。在日出至日没方位角范围内障碍物高度角应小于 5°;应尽可能远离任何具有高反射比(例如浅色或发亮)的物体。

全自动太阳跟踪器/遮光装置的安装包括基础浇筑、跟踪器/遮光装置安装、供电布设。如图 14.4 所示。

1. 预置混凝土基础,高出地面 3～5 cm,外露面平整光洁;预埋件与接地体连接,基础中预留电源、信号管线。

2. 跟踪器/遮光装置安装。

(1)立柱安装:在已预埋好的地脚螺栓装上螺母和垫圈,将立柱套在地脚螺栓上,利用立柱底部的**螺母**调节立柱上法兰盘水平,再用螺母固定。

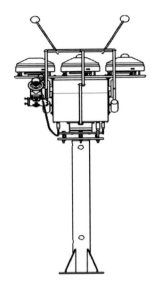

图 14.4 太阳跟踪器专用支架安装图

(2)跟踪器安装:将跟踪器放在立柱上法兰盘上,用螺钉预连接。调节立柱上法兰盘固定螺钉使跟踪器上的指北标志指北。调节底盘上的调节螺钉,使安装平台水平。待方位和水平调整完毕后,将法兰盘和跟踪器底盘固定紧。跟踪器上的安装平台,离地面高度一致且不低于 150 cm。

(3)将遮光装置两主动臂水平安装在赤纬轴两端并固定,安装遮光装置从动臂及 T 形架。将两只遮光球安装在横条上,遮光球杆的长度可以根据遮光球在总辐射传感器感应面形成阴影的位置适当调整。在测量散射辐射时,遮光球圆心和辐射表感应面中心的连线与直接辐射表、四象限太阳传感器轴线始终保持平行。

(4)四象限传感器在双轴跟踪器 V 形支架上,其上的标志线在正上方。

3. 供电布设。电源插座必须专用,从配电箱接入,电源线应走地沟并且有相应防鼠措施,不宜架空。

4. 控制箱安装。控制箱安装在立柱北侧,底部距离地面 50 cm 左右。

5. 接线。接线时注意信号线颜色,确认所有接线正确无误。

14.2.3 调试

上电调试前,再次确认所有接线正确无误,检查接入交流电压,各开关电源电压是否正常。上电后,检查各指示灯工作是否正常,按要求设置业务终端参数,输入命令查看返回值,确认仪器是否工作正常。

14.2.4 日常维护

定期在日出后和地方时中午后 1~2 h 内检查仪器运行状态,主要包括:

1. 检查四象限传感器玻璃窗口是否清洁,如有灰尘、水汽凝结物应及时用柔软不起毛的棉布或脱脂棉沾无水乙醇擦净。如窗口内侧有水汽凝结,应及时更换。

2. 检查四象限传感器能否对准太阳,遮光球能否精确遮光。检查跟踪器跟踪状态,如果跟踪不准,应及时进行调整。

3. 检查仪器是否稳固、紧固件有无松动脱落,运动部件是否卡滞,内部传动机构是否有异响。

4. 检查电缆是否有损伤,连接是否可靠。

14.3 加热通风器

14.3.1 组成结构

加热通风器用于总辐射表、散射辐射表和长波辐射表的强制通风,由外罩、加热器、风机、风扇滤罩以及其他硬件部件(如调节脚、锁紧环等)组成,其组成结构如图 14.5 所示。

采用加热通风器可以降低太阳辐射、露、霜、雨、雪对辐射表体温度的影响,降低热偏移误差,提高测量准确度。

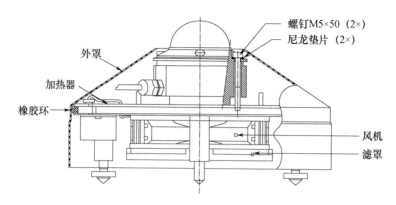

图 14.5　加热通风器组成结构图（单位：mm）

14.3.2　安装

加热通风器可安装在立柱上或太阳跟踪器平台上，在太阳跟踪器平台上的安装步骤如下。

1. 取下外罩，将通风器底座略作固定，暂不拧紧。

2. 取下辐射表的 3 个调水平脚，用专用螺丝将辐射表固定在通风器底座上。

3. 利用通风器上的调水平脚和辐射表上的水准器调节仪器水平。

4. 拧紧紧固螺钉；按接线图接通电源和信号线；罩上通风器外罩并用锁紧环扣住。安装示意如图 14.6 所示。

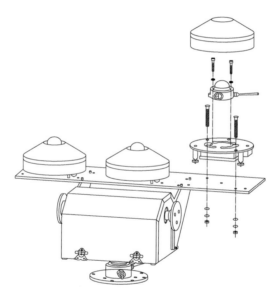

图 14.6　加热通风器安装示意图

14.3.3　日常维护

1. 加热通风器内的风扇每年应清洗、维护（加润滑油）或更换；通风器报警时，应及时更换通风器或通风器电机。

2. 风扇滤罩的清理。风扇滤网在风机下方，应根据空气质量情况定期检查、清洗或更换。

14.4　总辐射表

14.4.1　组成结构

总辐射表由滤光玻璃罩、感应件以及附件组成，其组成结构如图 14.7 所示。

感应件由感应面与热电堆组成，通过测定其下端热电堆温差电动势，然后转换成辐照度。滤光玻璃罩为半球形双层石英玻璃构成，它既能防风，又能透过波长 0.3~3.0 μm 的短波辐射，其透过率为常数且接近 0.9。双层罩的作用是为了防止外层罩的红外辐射影响，减少测量误差。

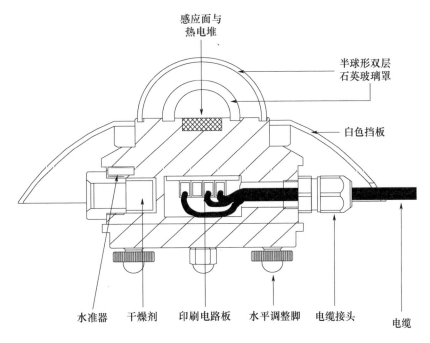

图 14.7 总辐射表组成结构图

附件包括机体、干燥剂、白色挡板、底座、水准器和接线柱等。干燥器内装干燥剂(硅胶)与玻璃罩相通,保持罩内空气干燥。白色挡板挡住太阳辐射对机体下部的加热,又防止仪器水平面以下的辐射对感应面的影响。底座上设有安装仪器用的固定螺孔及 3 个调水平脚。

总辐射表还可用来测量散射辐射和反射辐射。在总辐射表水平状态下,用一个遮光球(或片)遮蔽直接辐射,总辐射表外玻璃罩与遮光球的几何形状应仿照直接辐射表指向天顶时(从探测器中心张角 5°)的几何形状,玻璃半球罩必须完全被遮住,此时测量值即为天空的散射辐射;如果将其感应面向下水平安装,则可用于反射辐射的测量。

14.4.2 安装

1. 总辐射表的感应面应朝上,处于水平状态。

2. 总辐射表作为散射辐射表时,安装在全自动太阳遮光装置平台东侧。

3. 总辐射表作为反射辐射表时,安装在专用台架上。台架由台柱和伸出的长臂组成,台柱埋入地下部分应牢固,长臂方向朝南,应水平,不能因长臂末端安装仪器长期承受重量而下垂。反射辐射表位于长臂的前部,感应面朝下,为防止集水流入感应元件损坏仪器,白色挡板的凹面也向下安装。

4. 平台或台柱距地不低于 150 cm,应做好接地,符合防雷技术要求。

5. 仪器接线柱朝北,保证所有的接线外皮无刻痕,连接处无应力。

辐射表安装示意见图 14.8。

14.4.3 调试

总辐射表安装完成后,与采集器连接,按厂家要求设置业务终端参数,输入命令查看返回值,确认仪器是否工作正常。

14.4.4 日常维护

定期在日出后和地方时中午后 1~2 h 内按以下要求对总辐射表进行检查和维护。

1. 仪器水平,感应面与玻璃罩完好。

2. 热电堆表面色泽和质地均匀。

3. 仪器清洁,玻璃罩如有灰尘、露、霜、雾水、雪和雨水时,应用镜头刷或麂皮及时清除干净,注意不要划伤或磨损玻璃罩。

4. 玻璃罩不能进水,罩内不应有水汽凝结物。

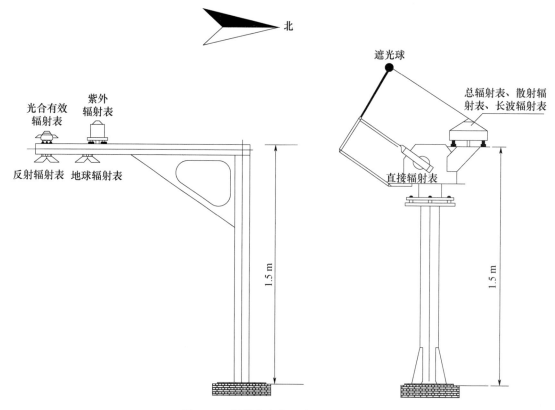

图 14.8 辐射表安装示意图(单位:m)

5. 检查干燥器内硅胶是否受潮(硅胶由蓝色变成红色或白色表示已受潮,受潮的硅胶可在烘箱内烘干变蓝后再使用)。

6. 作为散射辐射表时,要注意检查遮光球阴影是否完全遮住仪器的感应面与玻璃罩,否则应及时调整到相应的位置上,使遮光球全天遮住太阳直接辐射。

7. 作为反射辐射表时,下垫面应保持自然状态,四周不应有影响反射辐射测量的物体,降雪时要尽量保持积雪的自然状态。

8. 每年春季对防雷设施进行全面检查,复测接地电阻。

9. 按业务要求定期进行检定,首次检定周期为 1 年,后续检定周期为 2 年。

14.5 直接辐射表

14.5.1 组成结构

直接辐射表由进光筒、感应件及附件组成,其组成结构如图 14.9 所示。

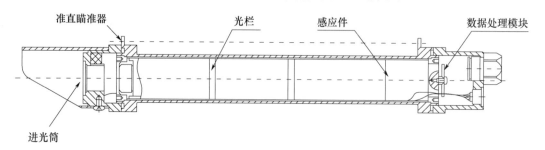

图 14.9 直接辐射表组成结构图

进光筒的孔径角计算方法如下。

直接辐射表孔径大小由半开敞角 α 和斜角 β 来定义,如图 14.10a 所示。

$$\alpha = \tan^{-1}(R/d) \tag{14.10}$$

$$\beta = \tan^{-1}[(R-r)/d] \tag{14.11}$$

式中,R 为进光前孔半径;r 为接收器半径;d 为前孔到接收器的距离。

如图 14.10b 所示,β 角内的天空区域 1 的辐射能照射到全部感应面上,来自区域 2 和 3 的辐射只能照射到部分感应面上,它们的交界处圆周上的辐射正好只能照射感应面积的一半;区域 3 外的辐射则完全不能进入仪器。

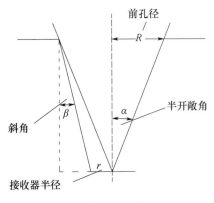

(a) 进光筒 α, β 角关系图　　　　　(b) 进光孔张角与接收辐射的关系

图 14.10　进光筒接收辐射关系图

进光筒是一个金属圆筒,为使感光面不受风的影响,同时又减少管壁的反射,筒内有几层经过发黑工艺处理过的光栏,光栏的作用在于防止筒壁反射的杂光进入感应面。为保证筒内清洁,筒口装有石英玻璃片。筒内装有干燥气体以防止产生水汽凝结物。为了对准太阳,进光筒前后两端分别固定两个准直瞄准器,前侧有一小孔,后侧的相应位置上有一黑色靶标,小孔和黑色靶标的连线与光筒轴线平行。如果光线透过小孔落在黑色靶标上,说明进光筒已对准太阳。

感应件是仪器的核心部分,由感应面与热电堆组成。安装在光筒的后部。当光筒对准太阳,黑体感应面吸收太阳直射增热,使得热电堆产生温差电动势,然后转换成辐照度。

14.5.2　安装

首先应确保全自动太阳跟踪器安装正确,直接辐射表安装在全自动太阳跟踪器侧面的 V 形支架上,要求如下。

1. 用 U 形抱箍固定。通过 V 形支架斜面上的顶紧螺钉调节直接辐射表的位置状态,位置调整到位后锁紧 U 形抱箍。

2. 安装完成后跟踪器工作状态下,直接辐射传感器前瞄准器小孔投影应落在后瞄准器小孔上。

3. 直接辐射表轴线与跟踪器四象限传感器轴线平行。瞄准器对准太阳时需反复调整,力求精确。

14.5.3　调试

直接辐射表安装完成后,与采集器连接,按厂家要求设置业务终端参数,输入命令查看返回值,确认仪器是否工作正常。

14.5.4　日常维护

定期在日出后和地方时中午后 1～2 h 内按以下要求对直接辐射表进行检查和维护。

1. 检查石英玻璃窗口是否清洁,如有灰尘、水汽凝结物应及时用软布沾酒精擦净。如窗口内侧有水汽凝结现象,应及时更换备份直接辐射表。

2. 通过瞄准器小孔投影光点检查跟踪情况。如果跟踪不准,应及时进行调整。

3. 传感器导线一直处于运动状态,容易损伤,定期检查电缆是否有损伤,连接是否可靠。

4. 为保持光筒中空气干燥,应定期检查干燥器内硅胶是否受潮,发现硅胶失效要及时更换。

5. 每年春季对防雷设施进行全面检查,复测接地电阻。

6. 按业务要求定期进行检定,检定周期应不超过 2 年。

14.6 长波辐射表

14.6.1 组成结构

长波辐射表的构造、外观与总辐射表基本相同,由感应件(黑体感应面与热电堆)、玻璃罩和附件等组成,一级长波辐射表应能接收 2π 球面度立体角范围内的长波辐射,其组成结构如图 14.11 所示。与总辐射表主要不同的是玻璃罩内镀上硅单晶,保证了 $3\ \mu m$ 以下的短波辐射不能到达感应面。由于表体和半球罩本身也向外发射长波辐射,为确定其辐射出射度,须加装热敏电阻,以测定其温度。

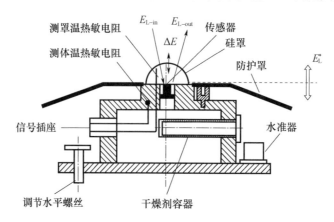

图 14.11 长波辐射表组成结构图

仪器观测到的值,包括感应面接收到的长波辐射 $E_{L\text{-in}}$ 以及感应面本身向外发射的长波辐射 $E_{L\text{-out}}$

$$E_{men} = E_{L\text{-in}} - E_{L\text{-out}} \tag{14.12}$$

式中,E_{men} 由热电堆输出算得;$E_{men} = mv/K$;K 为长波表灵敏度;$E_{L\text{-out}} = \sigma T_b^4$;$\sigma = 5.6697 \times 10^{-8}\ \mathrm{W \cdot m^{-2} \cdot K^{-4}}$;$T_b$ 为仪器腔体温度。因此,感应面接收到的长波辐射为:

$$E_{L\text{-in}} = mv/K + 5.6697 \times 10^{-8} T_b^4 \tag{14.13}$$

T_b 由安装在长波辐射表腔体内的热敏电阻测量。

此外,为减少仪器灵敏度的温度系数,热电堆线路中并有一组热敏电阻。

白天太阳辐射较强,硅罩的温度 T_a 明显高于腔体温度 T_b。使得感应面从硅罩得到附加的热辐射,导致仪器数据系统偏高。新型长波辐射表增加了一个热敏电阻,测量硅罩温度 T_a,用来修正上述误差。因此,建议采用自动遮光装置,挡住太阳直接辐射。

长波辐射表可用来测量大气长波辐射和地球长波辐射,当感应面朝上时,测量的是大气长波辐射,此时为大气长波辐射表;感应面朝下时,测量的是地球长波辐射,此时为地球辐射表。

14.6.2 安装

大气长波辐射表安装在全自动太阳跟踪器/遮光装置的平台上,位于平台的西侧;地球辐射表安装要求与反射辐射表相同,位于反射辐射表的北边。

14.6.3 调试

长波辐射表安装完成后,与采集器连接,按厂家要求设置业务终端参数,输入命令查看返回值,确认仪器是否工作正常。

14.6.4 日常维护

长波辐射表日常维护与总辐射表相同,具体详见 14.4.4 节。

14.7 净全辐射表

14.7.1 组成结构

净全辐射表由总辐射表、反射辐射表、朝上和朝下的长波辐射表组成,分别测量总辐射、短波反射辐射、大气长波辐射和地球辐射 4 个分量,由此计算出净全辐射。也可将这 4 个表整合为一体,称为四分量净全辐射表,其组成结构如图 14.12 所示。

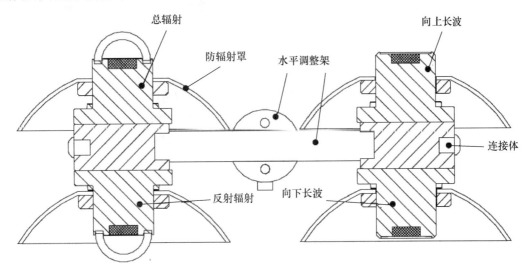

图 14.12　四分量净全辐射表组成结构图

14.7.2　安装

当由总辐射表、反射辐射表、朝上和朝下的长波辐射表组合测量净全辐射时,安装要求与各对应辐射表相同。

若为四分量净全辐射表时,安装在反射辐射表的台架上。安装时,把表的底板用不锈螺栓固定在长臂末端,使感应件伸出长臂,参照水准器用调整螺旋将感应面调平,接线柱朝北。

14.7.3　调试

净全辐射表安装完成后,与采集器连接,按厂家要求设置业务终端参数,输入命令查看返回值,确认仪器是否工作正常。

14.7.4　日常维护

1. 日常维护要求与各对应辐射表相同。

2. 注意根据白天和夜间观测结果正负值情况判定仪器是否工作正常。

3. 按业务要求定期进行检定,首次检定周期为 1 年,后续检定周期为 2 年。

14.8　紫外辐射表

14.8.1　组成结构

气象台站所使用的紫外辐射表属于紫外总辐射类型,测量的是水平面上的紫外直接辐射与紫外散射辐射之和,主要由半球石英罩、余弦矫正器、紫外滤光片、紫敏硅光电传感器、干燥剂、信号输出端及结构件等组成。一级紫外辐射表应用紫外石英球罩作为防护窗口。其组成结构如图 14.13 所示。

14.8.2　安装

紫外辐射表安装在反射辐射表的台架上端,位于长臂北侧,安装要求同总辐射表。

14.8.3　调试

紫外辐射表安装完成后,与采集器连接,按厂家要求设置业务终端参数,输入命令查看返回值,确认仪器是否工作正常。

14.8.4　日常维护

1. 日常维护要求与总辐射表相同,具体详见 14.4.4 节。

2. 紫外辐射辐照度约为总辐射辐照度的 7%,到达地面的紫外辐射与大气中的臭氧浓度密切相关,可根据天气状况分析观测结果是否合理,判定仪器是否工作正常。

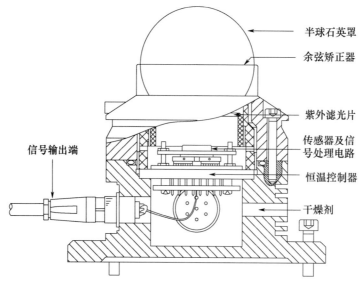

图 14.13　紫外辐射表组成结构图

3. 按业务要求定期进行检定，检定周期宜为 1 年，最长应不超过 2 年。

14.9　光合有效辐射表

14.9.1　组成结构

光合有效辐射是指对植物光合作用有效的那部分太阳辐射，这部分太阳辐射主要集中在可见光波段 $0.4\sim0.7\ \mu m(400\sim700\ nm)$，对光合作用真正起作用的是光量子，故以光量子单位 $(\mu mol\cdot s^{-1}\cdot m^{-2})$ 来计量光合有效辐射。

以光量子为单位表示的光合有效辐射和以能量单位表示的光合有效辐照度之间有如下换算关系：

$$E_q = 1/119.8 \int_{400}^{700} E_\lambda \lambda\, d\lambda \tag{14.14}$$

式中，E_q 的单位为 $\mu mol\cdot s^{-1}\cdot m^{-2}$；$E_\lambda$ 为单位波长的辐射能，其单位为 $W\cdot m^{-2}$。

光合有效辐射表属于总辐射表，测量的是光合有效总辐射，按照灵敏度单位的不同，可分为能量型和量子型两类。

光合有效辐射表主要由感应器件、滤光片、余弦矫正器、信号输出端和结构部件组成。其中，感应部件通常采用光电感应元件，滤光片镀有 $0.4\sim0.7\ \mu m$ 带通膜系及光谱透过率修正膜系，余弦矫正器为能校正光合有效辐射表余弦特性的温透射窗口，结构部件包括表体结构、密封件和水平调节装置等。光合有效辐射表组成结构如图 14.14 所示。

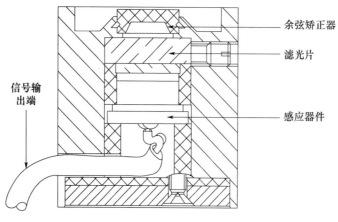

图 14.14　光合有效辐射表组成结构图

14.9.2 安装

光合有效辐射表安装在反射辐射表的台架上面,位于长臂的南侧,反射辐射表的上面,安装要求同总辐射表。

14.9.3 调试

光合有效辐射表安装完成后,与采集器连接,按厂家要求设置业务终端参数,输入命令查看返回值,确认仪器是否工作正常。

14.9.4 日常维护

1. 日常维护要求与总辐射表相同(具体详见 14.4.4 节),但无需更换干燥剂。

2. 每月至少检查 1 次,如果出现冰、雪、灰尘等天气,应适当缩短检查周期。

3. 传感器顶部有灰尘等异物时,需用软布擦拭干净,注意不要划伤余弦矫正器。

4. 按业务要求定期进行检定,检定周期应不超过 2 年。

第15章　日　照

15.1　概述

日照自动观测设备主要通过传感器以一定的采样频率采集太阳辐射信号,由其内部数据处理模块计算出太阳直接辐射,判断输出日照时数。

自动观测日照的仪器主要是光电式数字日照计和直接辐射表。

15.1.1　基本概念

1. 日照时数

太阳在一地实际照射的时数。在一给定时段内太阳直接辐照度大于或等于 120 瓦每平方米($W \cdot m^{-2}$)的各分段时间总和。日照时数也称实照时数。

2. 可照时数

在无任何遮蔽条件下,太阳中心从某地东方地平线到进入西方地平线,其光线照射到地面所经历的时间。可照时数由公式计算。

3. 日照百分率

某一地点的日照时数与可照时数的百分比。

15.1.2　要素和单位

日照观测包括小时累计日照时数和日累计日照时数。

小时累计日照时数以分钟(min)为单位,取整数;日累计日照时数以小时(h)为单位,取 1 位小数;日照百分率以百分比(%)为单位,取整数。

15.2　光电式数字日照计

15.2.1　原理

日照传感器采用置于光学镜筒中的 3 个同轴光电感应器对总辐射和散射辐射进行自动连续观测,根据计算出的直接辐照度判断有无日照。测量原理如图 15.1 所示,3 个带有圆柱形漫射器的光电管 D_1,D_2,D_3 分别安置在同一轴线上,并通过遮光罩及其入射窗 W_1 和 W_2 对入射到 D_2,D_3 上的辐射进行约束。

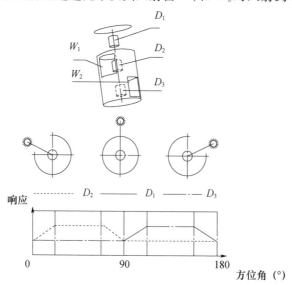

图 15.1　光电式数字日照计测量原理图

光电管 D_1 在 360° 的环形范围内接收总辐射。D_2 和 D_3 接收环形范围内不同方向上的辐射,而太阳直接辐射只能照射到 D_2,D_3 中的一只,其中较小的输出值即为散射辐射。直接辐射为总辐射和散射辐射的差值,若直接辐照度大于等于 120 W·m^{-2} 则算作有日照,把时间累计,得到每小时和每天的日照时数。

15.2.2　组成结构

光电式数字日照计主要由光电式数字日照传感器、数据处理单元、供电单元、通信单元、安装附件等部分组成。核心部件光电式数字日照传感器外观为一个玻璃圆筒,内部包括光学镜筒、光电探测器、遮光筒、信号处理电路和防霜露加热器等,组成结构如图 15.2 所示。

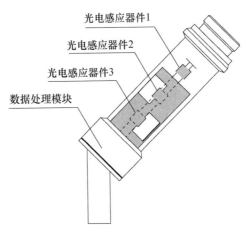

图 15.2　光电式数字日照传感器组成结构图

15.2.3　安装

1. 日照计应固定安装在开阔的、终年从日出到日落都能受到阳光照射的立柱台座上,底座应稳固,保持立柱台座长期处于水平状态。

2. 日照计中心距地高度 150 cm,光学镜筒筒口对准正北,按照当地纬度调节日照计仰角。

3. 如安装在观测场内,须将日照计安装在观测场的南端,以免其他观测仪器影响其测量。如果观测场没有适宜地点,可安装在平台或附近较高的建筑物上。受环境所限,不采用 150 cm 立柱安装日照计时,其安装高度可以根据实际情况调整,以便于操作为准。

光电式数字日照计安装效果如图 15.3 所示。

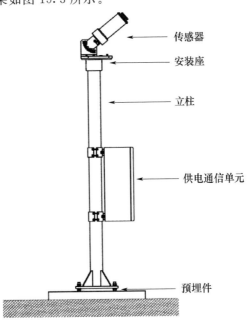

图 15.3　光电式数字日照计安装图

安装步骤如下。

（1）调整光筒南北向：精确测定南北线，调整日照计支架底板的方向，使日照计筒口对准正北。

（2）调水平：调节水平螺旋，使水平泡位于中央，保证日照计处于水平状态。

（3）对纬度：根据当地的纬度，调节日照计支架，使日照计光筒与水平面的夹角等于当地纬度。

15.2.4 调试

光电式数字日照计安装完成后，检查确保电源、信号线连接无误，上电启动检查，利用业务终端或串口调试工具，设置串口参数，输入通信控制命令，返回值正确则调试完成。

15.2.5 日常维护

1. 定期检查光筒玻璃罩是否清洁，如有灰尘、雨、雪、水汽凝结物应及时用软布将光筒擦净。

2. 每周定期检查日照计内干燥剂状况，注意及时更换。

3. 定期查看设备的各个部分是否被腐蚀或者自然损坏，尤其是在自然条件较为恶劣的地区。如果有损坏或者腐蚀应当立即进行处理、更换相关部件。

4. 每月检查仪器的水平、方位、纬度等是否正确，发现问题，及时纠正。

5. 每月检查供电设施，保证供电安全。

6. 每年春季对防雷设施进行全面检查，复测接地电阻。

7. 按业务要求定期进行校准，校准周期应不超过 2 年。

8. 当设备故障时应及时进行维护或维修。

15.3 直接辐射表

直接辐射表主要构造为一个全天候的直接辐射表和一个可靠的太阳跟踪装置，自动测量系统把直接辐射大于等于 $120\ W \cdot m^{-2}$ 的时间累加起来计算每小时和每天的日照时数。此方法对太阳跟踪装置的要求极高，要确保直接辐射表时时对准太阳，以此测得的日照时数可作为日照时数标准值。

第 16 章　地　　温

16.1　概述

下垫面温度和不同深度的土壤温度统称地温。

自动观测地温的仪器主要是铂电阻地温传感器。

16.1.1　基本概念

下垫面温度包括裸露土壤表面的地面温度、草面(雪面)温度。

不同深度的土壤温度统称地中温度,主要包括离地面 5 cm,10 cm,15 cm,20 cm 深度的浅层地温及离地面 40 cm,80 cm,160 cm,320 cm 深度的深层地温。

16.1.2　要素和单位

地温观测包括分钟(小时)地面温度、草面(雪面)温度、浅层地温、深层地温以及地面温度、草面(雪面)温度的小时和日最高、最低值及对应的出现时间。

地温以摄氏度(℃)为单位,取 1 位小数。

16.2　铂电阻地温传感器

16.2.1　原理和组成结构

铂电阻地温传感器的性能、原理和组成结构与铂电阻气温传感器相同(详见 9.3.1 节),但外形较粗,时间常数较大。

16.2.2　安装

1. 地面温度传感器和浅层地温传感器

地面温度和浅层地温传感器的安装场地位于观测场西南侧,为 200 cm(南北向)×400 cm(东西向)疏松平整的裸地。地面温度和浅层地温传感器安装在专用支架上,支架中心位于地温场东西向中心线上、南北向中心线东侧 20 cm 处(如果安装双套自动站,备份站传感器位于西侧 20 cm 处);支架的零标志线与地面齐平,传感器感应部分朝南。

地面温度传感器一半埋入土中,一半露出地面。埋入土中的感应部分与土壤必须密贴,不可留有空隙,露出地面的感应部分要保持干净。

地面温度与浅层地温传感器安装如图 16.1 所示。

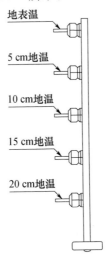

图 16.1　地面温度与浅层地温传感器安装示意图

2. 深层地温传感器

深层地温传感器安装场地位于观测场的东南侧,为 300 cm(南北向)×400 cm(东西向)的自然场地(有自然覆盖物,不长草的地区除外)。自东向西分别为 40 cm,80 cm,160 cm,320 cm,传感器之间间隔 50 cm,安装在同一条直线上。

安装双套自动站的台站,备份站深层地温传感器安装要求与现用传感器相同,位于现用传感器南侧 50 cm 处。

深层地温传感器组成结构如图 16.2 所示。

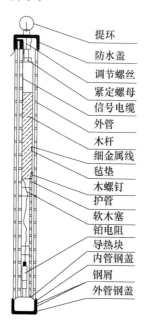

提环
防水盖
调节螺丝
紧定螺母
信号电缆
外管
木杆
细金属线
毡垫
木螺钉
护管
软木塞
铂电阻
导热块
内管钢盖
钢屑
外管钢盖

图 16.2　深层地温传感器组成结构图

3. 草面(雪面)温度传感器

草面(雪面)温度传感器安装在地面温度和浅层地温场西侧 50 cm 处,草地面积约 1 m²。传感器安装在距地 6 cm 高度处,并与地面大致平行。感应部分朝南。

当有积雪但未掩没传感器时,继续进行观测。当积雪掩没传感器时,将传感器置于原来位置的雪面上,这时测量雪面温度,并备注起止时间。积雪融化后,继续观测草温。

观测场无草层的台站,仍按上述方法观测。

16.2.3　调试

设备安装完成后,按要求设置参数,输入命令查看返回值,确认仪器工作是否正常。

16.2.4　日常维护

1. 雨后及时耙松地面温度和浅层地温传感器场地板结的地表土,保持疏松、平整、无草;保持草面(雪面)温度传感器观测场草株高度不超过 10 cm。

2. 深层地温的观测地段应与观测场地面齐平并保持同样的下垫面。若有注陷,应及时垫平并移植与观测场现有草层同高的草层(不长草的地区除外)。

3. 铂电阻地面温度传感器被积雪埋住时仍按正常观测,但应备注起止时间。

4. 保持地面温度传感器和草面(雪面)传感器的清洁干燥,当有露、霜或灰尘等附着时,宜在早晨用干布或毛刷清理干净。保持深层地温传感器套管内干燥。

5. 测量雪面温度时,保持草面(雪面)传感器始终置于积雪表面上。

6. 每年春季对防雷设施进行全面检查,复测接地电阻。

7. 按业务要求定期进行检定,检定周期应不超过 2 年。

8. 当设备故障时应及时进行维护或维修。

第 17 章　冻　土

17.1　概述

　　冻土自动观测仪是根据含有水分土壤的冻融特性,通过测量水的相态、土壤频域反射或温度判识等方法,利用阈值判断测量土壤冻结层次和深度的仪器。

　　冻土自动观测的仪器主要有冻阻式冻土自动观测仪、电容式冻土自动观测仪和测温式冻土自动观测仪等。

17.1.1　基本概念

　　冻土是指含有水分的土壤因温度下降到 0 ℃或以下而呈冻结的状态。

17.1.2　要素和单位

　　冻土观测包括土壤冻结层次和冻结深度。

　　冻结层次以层数(层)为单位,取整数;冻结深度以厘米(cm)为单位,取整数。

17.2　冻土自动观测仪

17.2.1　原理

　　冻土自动观测仪根据传感器测量原理不同分为冻阻式冻土自动观测仪、电容式冻土自动观测仪和测温式冻土自动观测仪。

　　1.冻阻式

　　利用水的相态发生改变时体积、电阻等物理特性随之变化的原理,通过非纯净水做感应介质,测量相关物理量得到冻结层次和上下限深度。

　　2.电容式

　　利用土壤中水与冰发生相变时介电常数随之改变的特性,通过 LC 振荡电路频率响应变化,结合频率变化规律和土壤温度建立土壤冻融状态判别模型,获得冻结层次和上下限深度。

　　3.测温式

　　根据水凝结成冰或冰融化成水的温度变化特性,结合冻点确定算法,获得冻结层次和上下限深度。

17.2.2　组成结构

　　冻土自动观测仪主要由传感器、数据采集器、通信单元、供电单元和外围设备等组成,其组成结构示意图如图 17.1。

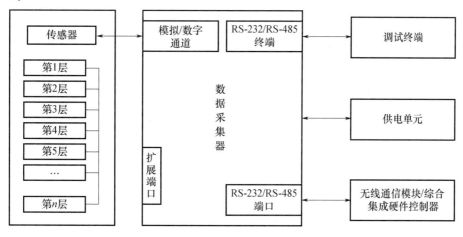

图 17.1　冻土自动观测仪组成结构图

17.2.3　安装

1. 冻土自动观测仪安装在观测场内南侧靠东区域,深层地温观测位置的南面 50 cm 处,与深层地温外套管平行布设冻土传感器外套管,如图 17.2 所示。依据台站所观测到最大冻土深度的历史资料,分以下 3 种方式进行安装。

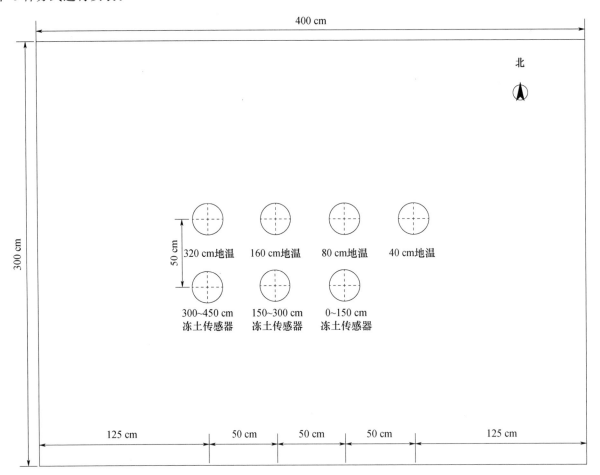

图 17.2　冻土自动观测仪安装布局示意图

(1)当台站最大冻土深度小于 150 cm 时,只需在对应 80 cm 地温南侧 50 cm 处安装一根 150 cm 外套管,将长度 0～150 cm 冻土传感器插入外套管中。

(2)当台站最大冻土深度大于 150 cm 且小于 300 cm 时,分两段进行安装,在对应 80 cm 地温和 160 cm 地温南侧 50 cm 处分别安装长度为 150 cm 和 300 cm 的外套管,将长度 0～150 cm 和 150～300 cm 冻土传感器插入外套管中。

(3)当台站最大冻土深度大于 300 cm 且小于 450 cm 时,分三段进行安装,在对应 80 cm 地温、160 cm 地温和 320 cm 地温南侧 50 cm 处分别安装长度为 150 cm,300 cm 和 450 cm 的外套管,将长度 0～150 cm,150～300 cm 和 300～450 cm 冻土传感器插入外套管中。

2. 外套管采用钻孔法进行安装,使外壁与土壤保持紧密接触,并避免产生自然沉降。传感器测量单元 0 cm 位置刻度须与地表面高度保持一致。

3. 电源箱安装在地温分采东侧 60 cm 处(设备间距),且与地温分采东西成行排列,基础预埋件用混凝土浇筑,外露面平整光洁,基础中预留 2 根⌀30 mm 的 PVC 管,从水泥基础的底部通向地沟,基础大小和安装高度与地温分采一致。电源箱安装在立柱上,箱门朝北。

17.2.4　调试

冻土自动观测仪安装完成后,检查确保电源、信号线连接无误,上电启动检查,利用业务终端或串口调试工具,设置串口参数,输入通讯控制命令,返回值正确则调试完成。

17.2.5　日常维护

1. 非冻土期维护内容

(1)冻土传感器可断电停用,启用前需检测蓄电池电压。

(2)冻土期前一个月左右,对传感器进行全面检查,查看外套管中有无积水、杂物;外套管与土壤接触是否紧密;传感器内管、外管的 0 线与地面是否齐平等。如发现问题,应及时处理。

(3)冻土传感器的校准周期为 2 年,必须在冻土期前一个月完成校准,并安装回原处等待启用。

(4)冻阻式传感器在冻土期前对其内管进行冲洗和注水,水柱中避免余留气泡;冻土期结束后,将内管水放掉,并冲洗晾干回收放置或安装原处。注意防止杂物等落入外套管内。

2. 冻土期维护内容

(1)定期通过传感器状态灯查看设备运行、通信状态。

(2)定期查看设备各连接部分是否损坏或腐蚀,自然条件恶劣地区应缩短查看周期;如损坏或腐蚀应及时进行处理、更换。

(3)每周检查供电设施,保证交流电、电源转换控制模块和蓄电池供电正常;定期对蓄电池进行充放电。

(4)每年雷雨季前对防雷设施进行全面检查,复测接地电阻。

(5)设备故障时,及时进行维修或更换。

(6)冻土自动观测仪故障、维修和数据处理等情况需备注。

(7)冻阻式传感器补水维护时,应错开正点并避免内管中留有气泡。

第三编　气象要素的自动综合判识

第 18 章　视频智能观测

18.1　概述

自动观测识别总云量、云状、霜、露、雨凇、雾凇、结冰、积雪和雪深等天气现象(或气象要素)的仪器主要有天气现象视频智能观测仪等。

18.1.1　基本概念

云是悬浮在大气中的小水滴、过冷水滴、冰晶或它们的混合物组成的可见聚合体;有时也包含一些较大的雨滴、冰粒和雪晶。其底部不接触地面。总云量是指观测时天空被所有的云遮蔽的总成数,以成为单位,取整数,以百分比为单位时保留一位小数;云状按云的外形特征、结构特点和云底高度可分为三族十属二十九类。

露为水汽在地面及近地面物体上凝结而成的水珠(不包括霜融化成的水珠);霜为水汽在地面和近地面物体上凝华而成的白色松脆的冰晶,或由露冻结而成的冰珠,易在晴朗风小的夜间生成;雨凇为过冷却液态降水碰到地面物体后直接冻结而成的坚硬冰层,呈透明或毛玻璃状,外表光滑或略有隆突;雾凇为空气中水汽直接凝华,或过冷却雾滴直接冻结在物体上的乳白色冰晶物,常呈毛茸茸的针状或表面起伏不平的粒状,多附在细长的物体或物体的迎风面上,有时结构较松脆,受震易塌落。

结冰是指露天水面(包括蒸发器的水)冻结成冰。

积雪是指雪(包括霰、米雪、冰粒)覆盖地面达到气象站四周能见面积一半以上。

雪深是从积雪表面到地面的垂直深度,以厘米(cm)为单位,取整数。

18.1.2　要素

天气现象视频智能仪自动观测识别包括总云量、云状、霜、露、雨凇、雾凇、结冰、积雪和雪深等天气现象(或气象要素)。

18.2　天气现象视频智能观测仪

18.2.1　原理

天气现象视频智能观测仪是应用计算机视觉和深度学习技术,对视频采集器拍摄的天气现象(或气象要素)实现自动观测识别。计算机视觉是使用计算机及相关设备实现对生物视觉的一种模拟,通过对采集的视频或图片进行处理以获得相应场景的三维信息;深度学习是一种以人工神经网络为架构,对数据进行表征学习的算法。

视频采集器自动定时采集视频和图片资料,数据处理单元对图片进行自动检查,质量合格的图片通过内嵌的识别软件运用计算机视觉或深度学习技术,模拟人眼对图片中的天气现象(或气象要素)场景进行感知、识别和理解,实现天气现象(或气象要素)的自动观测识别,并输出识别结果。

总云量、结冰、积雪和雪深等主要采用计算机视觉原理,云状、地面凝结现象(霜、露、雨凇、雾凇)等主要采用深度学习原理。

18.2.2　组成结构

天气现象视频智能观测仪主要由视频采集器、数据处理单元、通信单元、供电单元和附件组成。天气现象视频智能观测仪外观如图 18.1 所示。

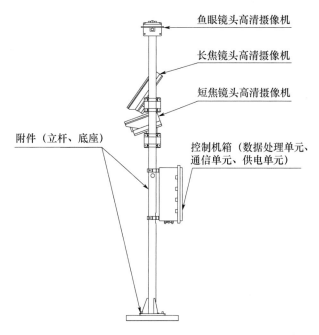

图 18.1 天气现象视频智能观测仪外观示意图

1. 视频采集器

视频采集器由多个摄像机组成。根据观测对象特点和需要,一般由 1 个鱼眼镜头高清摄像机和 2 至 5 个普通镜头高清摄像机组成。现用组合方式为分离式视频采集器组,由 1 个独立鱼眼镜头高清摄像机、1 个长焦镜头高清摄像机和 1 个短焦镜头高清摄像机组成。

2. 数据采集单元

数据处理单元由控制处理器和存储单元组成。控制处理器是由 CPU、GPU、内存等组成的嵌入式 AI 计算机,内置了嵌入式识别软件和控制管理软件,用于天气现象(或气象要素)的自动观测识别和设备控制管理,负责处理采集的视频和图片等信息,进行数据质量控制、数据运算处理和记录存储。

3. 通信单元

通信单元是主要完成数据发送、接收以及通信方式转换等功能的部件,采用 RS-232/RS-485 通信和光纤通信,可提高通信稳定性与可靠性,避免或减少遭受雷击。

4. 供电单元

供电单元主要由开关电源、浪涌保护器、空气开关等部件组成,将 220 V 交流电压转换为 12 V 和 24 V 直流电压,为天气现象视频智能观测仪供电。视频采集器供电电压为直流 24 V 和直流 12 V,其他设备供电电压为直流 12 V。

5. 附件

附件包括立柱、安装底座、基础预埋件以及观测识别所必需的辅助观测目标物等。

18.2.3 安装

天气现象视频智能观测仪及其辅助观测目标物的布设区域约为 2 m(东西向)×4 m(南北向),整体安装详见图 18.2。立柱牢固树立在混凝土基础上,高度 2.8 m(±0.1 m)。

在仪器立柱南面设置一个地面集中观测区,用于安装结冰容器、电线积冰架、专用雪深尺等辅助观测目标物,具体安装如图 18.3 所示。电线积冰架支架材质为铝或不锈钢,选用直径 26.8 mm、长度 100 cm 的 220 kV 电力传输电缆为导线,导线固定在支架上,距地面 1.5 m 高度的位置。电线积冰支架距离基础中心 1.65 m。专用雪深尺,圆柱形,金属材质,采用厘米刻度,距离基础中心 3.3 m。结冰容器放置于电线积冰支架下方的自然下垫面上。

独立鱼眼镜头高清摄像机安装在立柱顶端向东伸出的平台上,长焦镜头高清摄像机和短焦镜头高清摄像机朝南面向地面集中观测区,分别安装于立柱向西伸出的距地 2.1 m 和 1.8 m 的平台上。

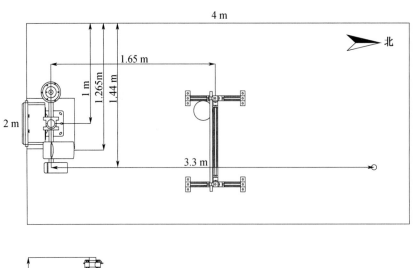

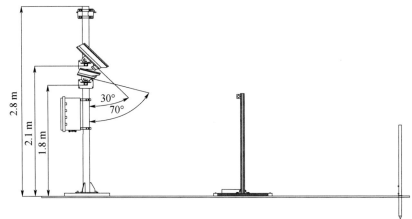

图 18.2　天气现象视频智能观测仪整体布局平面示意图(上)和仪器界截面图(下)

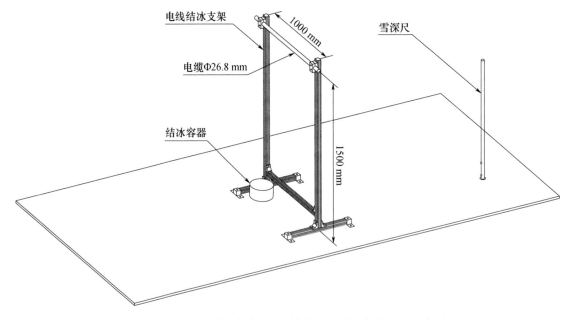

图 18.3　天气现象视频智能观测仪辅助观测目标物布局示意图

18.2.4　调试

天气现象视频智能观测仪安装完成后,使用地面综合观测业务软件(ISOS)或串口调试工具,对设备设置台站经度、纬度、日期、时间等必要参数,返回值正确则调试完成。

18.2.5　日常维护

1. 每周检查摄像机镜头的遮挡和污染情况,若有遮挡或污染应及时清理,清理应在日出前或日落后进行。清洁摄像机镜头时,护罩式镜头可用柔软不起毛的棉布或脱脂棉沾无水乙醇直接擦拭镜头玻璃,鱼眼镜头可先用清水冲洗表面浮尘与沙粒,再用柔软不起毛的棉布或脱脂棉沾无水乙醇擦拭镜头,注意不要划伤玻璃表面,勿用其他物品清洁。可根据设备附近环境的情况,延长或缩短维护的时间间隔(遇沙尘、降雪等影响观测时,应及时清洁)。

2. 每月定期检查摄像机的水平、方位和倾角,检查立柱是否稳固,检查辅助观测目标物是否稳固,发现问题及时纠正,避免振动等对摄像机拍摄产生的不良影响。

3. 每月检查地面集中观测区自然下垫面及露、霜目标物草地状况,保持平整良好。

4. 每月检查供电设施,保证供电安全。

5. 每年春季对防雷设施进行全面检查,复测接地电阻。

6. 结冰容器应尽可能使用代表当地自然水体(江、河、湖)的水,器内水量不足时需及时添加;专用量雪尺应保持竖直,刻度零线与地面集中观测区自然下垫面齐平。

7. 结冰容器、专用雪深尺、电线积冰支架上的观测导线等非结冰期时应收回室内妥善保管,结冰期开始前按照要求及时布设安装。

8. 定期更换设备易损件,尤其是在自然条件较为恶劣的地区;如果损坏或腐蚀应及时进行处理、更换。

9. 当设备故障时应及时进行维护或维修。

第 19 章 多源观测数据综合判识

19.1 概述

天气现象与温度、气压、风、降水量等气象要素密切相关,云量和云底高度也可通过卫星遥感和气象要素计算等手段获取,地基云地闪探测网已基本覆盖全国,风云四号卫星中闪电成像仪也投入业务运行,具备雷暴现象综合判识能力。通过应用卫星、探空、自动气象站、闪电探测、闪电成像等多源数据,快速更新数值产品,可实现云量、云高、地面凝结现象(露、霜、雨凇、雾凇)、视程障碍现象(雾、轻雾、霾、浮尘、扬沙、沙尘暴)以及雷暴、积雪、结冰、雪深和雪压、冻土等项目的综合判识。

19.2 原理和方法

19.2.1 云

云的综合判识包括云量、云高两个项目。

1. 云量

云量是指云遮蔽天空视野的比例。

卫星可通过辐射量计算、云检测等手段获取云量值,但受投影偏差、计算误差、卫星遥感精度等因素影响,卫星直接观测得到的云量值与地面观测云量值之间存在一定偏差,但两者之间有较好的相关性。此外,利用探空资料和模式高空要素预报也可构建基于要素的云量判识模型,结合卫星云量产品,可获得逼近地面观测云量值的总云量判识值。

2. 云高

云高指云底距测站的垂直距离。

云底的高度与抬升凝结高度、垂直湿度分布等密切相关。利用地面观测资料计算得到抬升凝结高度,同时使用欧洲中期天气预报中心数值模式预报资料(NWP 资料)、站点信息资料,可以构建基于站点的云底高度判识模型。在实际应用中,将多源资料代入模型,可得到各站点的云底高度。此外结合基于卫星云产品,对目标站点区域附近的云量、云状等作定性判别,结合模型得到与实际更为接近的云底高度。

19.2.2 地面凝结现象

地面凝结现象的综合判识包括露、霜、雨凇、雾凇 4 个项目。

1. 露、霜

露、霜、结冰现象的发生、维持与近地面的气象要素密切相关。利用地面观测资料,选取模型变量,构建基于统计判别方法的判识模型,可实现基于气象要素的露、霜、结冰现象判识。

2. 雨凇、雾凇

雨凇、雾凇的形成机制有很多相似之处,特别是在高山站,雨凇、雾凇一般相伴出现混合凇。对于全国大多数站点而言,雾凇、雨凇出现频次较低,属于小概率事件。为保证足够的建模样本,使尽可能多的站点建模成功,将雨凇、雾凇作为同一个样本集进行建模,再根据各站的历史气候特征及气象条件对雨凇、雾凇天气进行分类判识。

19.2.3 视程障碍现象

视程障碍现象的综合判识包含雾、轻雾、霾、沙尘暴、扬沙、浮尘 6 个项目。

1. 雾指大量微小水滴浮游空中,常呈乳白色,使水平能见度小于 1.0 km。

2. 轻雾指微小水滴或已湿的吸湿性质粒所构成的灰白色的稀薄雾幕,使水平能见度大于等于 1.0 km 至小于 10.0 km。

3. 霾指大量极细微的干尘粒等均匀地浮游在空中,使水平能见度小于 10.0 km 的空气普遍混浊现象。

4. 沙尘暴指由于强风将地面大量尘沙吹起,使空气相当混浊,水平能见度小于 1.0 km。

5. 扬沙指由于风大将地面尘沙吹起,使空气相当混浊,水平能见度大于等于 1.0 km 至小于 10.0 km。

6. 浮尘指尘土、细沙均匀地浮游在空中,使水平能见度小于 10.0 km,多为远处尘沙经上层气流传播而来,或为沙尘暴、扬沙出现后尚未下沉的细粒浮游空中而成。

第一,统计分析雾、轻雾、霾、扬沙、浮尘、沙尘暴 6 类视程障碍天气现象发生概率与气温、相对湿度、风速等常规气象要素的关系,确定各类天气现象发生概率≥98% 的气象要素上下限阈值。第二,利用各类天气现象发生概率随气象要素的变化曲线,确定不同天气现象之间的气象要素分类界限值。第三,利用气象要素上下限阈值和分类界限值,确定不同天气现象的分类指标。对分类指标动态调整,取分类判识命中率评分最高的指标作为最优分类指标,用于雾、轻雾、霾、扬沙、浮尘、沙尘暴的判识。

19.2.4　雷暴

雷暴是发生于大气中的放电现象。

自动观测设备通过对放电过程中声、光、电特性的测量,确定放电发生的时间、空间位置和特性参数等。

从雷电的形成机理、物理特性出发,利用人工和自动观测历史数据对站点进行统计分析,确定两者的相互关系,建立台站判识阈值参数,再通过各类地基和天基数据等多源数据的空间聚类归闪分析、数据融合,得到台站级雷电现象的判识结果。

19.2.5　积雪、雪深和雪压

雪压是单位面积上的积雪的重量。只有在有积雪的情况下才有雪深和雪压。

积雪具有特殊的属性,即对于短波是白体,对于长波是黑体,导热传热功能很差,无论是白天还是夜间,积雪以上和积雪以下的温度变化规律有很明显的差异,即积雪以上夜间辐射降温剧烈,温度很低,白天太阳直射和雪面反射,造成雪面以上的温度观测数据升温明显,而积雪以下,无论白天还是夜间都稳定少变。积雪以上用草(雪)面温度表示,积雪以下用地面温度表示。积雪上下温度变化规律的差异性可以判别积雪是否存在。

利用地面观测资料,对刚刚降雪、持续降雪和即将融化时积雪 3 个阶段采用不同的判别指标构建判识模型。

19.2.6　结冰

结冰现象的发生、维持与近地面的气象要素密切相关。利用地面观测资料,选取模型变量,构建基于统计判别方法的判识模型,可实现基于气象要素的结冰现象判识。

19.2.7　冻土

冻土是指含有水分的土壤因温度下降到 0 ℃ 或以下而呈冻结的状态。

冻土的形成和维持与地温密切相关。采用直接反距离与双平方根反距离权重结合方法,利用 0~320 cm 地温建立土垠柱温度与冻土的关系,用于第一冻土层上界、第一冻土层下界、第二冻土层上界、第二冻土层下界的判识。

19.3　判识结果

所有判识结果由国家级气象部门统一生成,并下发至各省(区、市)气象信息中心。

各判识项目所用资料、判识频次以及在 CIMISS 中的资料名称、要素字段等信息详见表 19.1。

表 19.1　多源观测数据综合判识项目所用资料、判识频次等信息说明

项目名称	所用资料	判识频次	气象数据统一服务接口（CIMISS）参数		
			资料名称	要素字段	备注
云量	卫星云量产品；探空资料；数值模式预报的高空各层高度场、温度场和相对湿度场	逐小时	SURF_WEA_CHN_PHE_HOR	CLO_Cov	用"％"表示
云高	地面温度、露点温度、气压；数值模式预报的高空各层高度场、温度场和相对湿度场；卫星云量、云状产品	逐小时	SURF_WEA_CHN_PHE_HOR	CLO_Height_LoM	单位：m
露	地面气温、露点温度、相对湿度、地表温度、水汽压和风速等	逐小时	SURF_WEA_CHN_PHE_HOR	Dew	"999999"表示缺测，"0"表示未出现露，"1"表示出现露
霜	地面气温、露点温度、相对湿度、地表温度、水汽压和风速等	逐小时	SURF_WEA_CHN_PHE_HOR	Frost	"999999"表示缺测，"0"表示未出现霜，"1"表示出现霜
雨淞	地面气温、相对湿度、风向风速；探空资料；数值模式预报的 100 hPa 以下各层位势高度、温度、相对湿度风向风速	逐小时	SURF_WEA_CHN_PHE_HOR	Glaze	"999999"表示缺测，"0"表示未出现雨淞，"1"表示出现雨淞
雾淞	地面气温、相对湿度、风向风速；探空资料；数值模式预报的 100 hPa 以下各层位势高度、温度、相对湿度、风向风速	逐小时	SURF_WEA_CHN_PHE_HOR	SoRi	"999999"表示缺测，"0"表示未出现雾淞，"1"表示出现雾淞
雾 轻雾 霾 扬沙 浮尘 沙尘暴	地面能见度、风速、相对湿度、露点温度差、气温、气压	逐小时	SURF_WEA_CHN_PHE_HOR	Fog	"999999"表示缺测，"0"为无、"5"为霾、"6"为浮尘、"7"为扬沙、"10"为轻雾、"31"为沙尘暴、"42"为雾
雷暴	云闪资料、云地闪资料、闪电成像仪资料	每天	SURF_CHN_WSET_FTM	Thund	"999999"表示缺测，"0"表示未出现雷暴、"1"表示出现雷暴

项目名称	所用资料	判识频次	气象数据统一服务接口(CIMISS)参数		
			资料名称	要素字段	备注
积雪	草面(雪面)温度、0 cm 地面温度、降水量	逐小时	SURF_WEA_CHN_PHE_HOR	GSS	"999999"表示缺测,"0"表示未出现积雪,"1"表示出现积雪
雪深	面(雪面)温度、0 cm 地面温度、降水量	逐小时	SURF_WEA_CHN_PHE_HOR	Snow_Depth	单位:cm
雪压	面(雪面)温度、0 cm 地面温度、降水量	逐小时	SURF_WEA_CHN_PHE_HOR	Snow_PRS	单位:kg/m²
结冰	地面气温、露点温度、相对湿度、地表温度、水汽压和风速等	逐小时	SURF_WEA_CHN_PHE_HOR	ICE	"999999"表示缺测,"0"表示未出现结冰,"1"表示出现结冰
第一冻土层上界值	0～320 cm 地温观测数据	逐小时	SURF_WEA_CHN_PHE_HOR	FRS_1st_Top	单位:m
第一冻土层下界值		逐小时	SURF_WEA_CHN_PHE_HOR	FRS_1st_Bot	
第二冻土层上界值		逐小时	SURF_WEA_CHN_PHE_HOR	FRS_2nd_Top	
第二冻土层下界值		逐小时	SURF_WEA_CHN_PHE_HOR	FRS_2nd_Bot	

第四编　资料处理

第20章　数据质量控制

为保证观测数据质量,需对自动站数据进行质量控制。仪器自动观测数据的质量控制包括设备端质量控制、业务终端软件质量控制、省级质量控制和国家级质量评估。设备端和业务终端软件的质量控制在台站完成,对观测数据进行初步质量控制,并添加相应质控码;省级为数据质量控制的主体,对台站上传的数据进行定性,并输出质量控制结果;国家级质量评估是在可信的数据基础上开展的实时质量评估,以进一步提升观测数据准确性。

20.1　设备端质量控制

20.1.1　总体要求

1. 对采样值的质量控制

——变化极限范围的检查;

——变化速率的检查。

2. 对瞬时值的质量控制

——变化极限范围的检查;

——变化速率的检查;

——内部一致性检查。

20.1.2　数据质量控制标识

数据质量控制过程中,需要对采样值和瞬时值是否经过数据质量控制以及质量控制的结果进行标识,这种标识用于定性描述数据置信度。质量控制标识用质量控制码表示,具体见表20.1。

表 20.1　数据质量控制标识

质量控制码	描述
0	"正确":数据没有超过给定界限
1	"存疑":不可信的
2	"错误":错误数据,已超过给定界限
3	"不一致":一个或多个参数不一致;不同要素的关系不满足规定的标准
4	"校验过的":原始数据标记为存疑、错误或不一致,后来利用其他检查程序确认为正确的
8	"缺失":缺失数据
9	"没有检查":该变量没有经过任何质量控制检查
N	"没有传感器";无数据。

注:对于瞬时值,若属采集器或通信原因引起数据缺测,在业务终端命令数据输出时直接给出缺失,相应质量控制标识为"8";若有数据,质量控制判断为错误时,在业务终端命令数据输出时,其值仍给出,相应质量控制标识为"2",但错误的数据不能参加后续相关计算或统计。

20.1.3　采样值的质量控制

1．"正确"数据的基本条件

一个"正确"的采样值，应在传感器的测量范围内，且相邻两个值最大变化值在允许范围内。其判断条件见表 20.2。

表 20.2　"正确"的采样值的判断条件

序号	要素	传感器测量范围下限	传感器测量范围上限	允许最大变化值（适用于采样频率 5～10 次/min 以上）
1	气压			0.3 hPa
2	气温			2 ℃
3	地表和地中温度			2 ℃
4	露点温度			2 ℃
5	相对湿度			5%
6	风向	依照传感器指标确定下限和上限		—
7	风速			20 m/s
8	降水量			—
9	能见度			—
10	日照时数			—
11	蒸发量			0.3 mm
12	雪深			1.0 cm
13	辐射（辐照度）			800 W/m^2

2．极限范围检查

（1）验证每个采样值，应在传感器的正常测量范围内。

（2）未超出测量范围时，标识"正确"；超出测量范围时，标识"错误"。

（3）标识"错误"的，不可用于计算瞬时值。

3．变化速率检查

（1）验证相邻采样值之间的变化量，检查出存疑的跳变。

（2）每次采样后，将当前采样值与前一个采样值做比较。若变化量未超出允许的变化速率，标识"正确"；若超出，标识"存疑"。标识"存疑"的，不能用于计算瞬时值，但仍用于下一次的变化速率检查（即将下一次的采样值与该"存疑"值作比较）。该规程的执行结果是，如果发生大的噪声，将有一个或两个连续的采样值不能用于计算。

4．瞬时值的计算

应有大于 66%（2/3）的采样值可用于计算瞬时值（平均值）；对于风速应有大于 75% 的采样值可用于计算 2 min 或 10 min 平均值。若不符合这一质量控制规程，则判定当前瞬时值计算缺少样本，标识为"缺失"。

20.1.4　瞬时值的质量控制

1．"正确"数据的基本条件

一个"正确"的瞬时值，不能超出规定的界限，相邻两个值的变化速率应在允许范围内，在一个持续的测量期（1 h）内应该有一个最小的变化速率。"正确"数据的判断条件见表 20.3。

表 20.3　"正确"的瞬时值的判断条件

序号	要素	下限	上限	存疑的变化速率	错误的变化速率	最小应该变化速率
1	气压	400 hPa	1100 hPa	0.5 hPa	2 hPa	0.1 hPa
2	气温	−75 ℃	80 ℃	3 ℃	5 ℃	0.1 ℃
3	露点温度	−80 ℃	50 ℃	传感器测量:2~3 ℃;导出量:4~5 ℃	5 ℃	0.1 ℃
4	相对湿度	0%	100%	10%	15%	1%($U<95\%$)
5	风向	0°	360°	—	—	10°(10 min 平均风速大于 0.1 m/s 时)
6	风速(2 min,10 min)	0 m/s	75 m/s	10 m/s	20 m/s	—
7	瞬时风速	0 m/s	150 m/s	10 m/s	20 m/s	—
8	降水量(0.1 mm)	0 mm	10 mm	—	—	—
9	草面温度	−90 ℃	90 ℃	5 ℃	10 ℃	
10	地面温度	−90 ℃	90 ℃	5 ℃	10 ℃	0.1 ℃(融雪过程中会产生等温情况)
11	5 cm 地温	−80 ℃	80 ℃	2 ℃	5 ℃	
12	10 cm 地温	−70 ℃	70 ℃	1 ℃	5 ℃	
13	15 cm 地温	−60 ℃	60 ℃	1 ℃	3 ℃	
14	20 cm 地温	−50 ℃	50 ℃	0.5 ℃	2 ℃	
15	40 cm 地温	−45 ℃	45 ℃	0.5 ℃	1.0 ℃	
16	80 cm,160 cm,320 cm 地温	−40 ℃	40 ℃	0.5 ℃	1.0 ℃	
17	能见度	0 m	70 km	—	—	—
18	蒸发量	0 mm	100 mm	—	—	—
19	雪深	0 cm	150 cm	—	—	—
20	日照时数	0min	1 min	—	—	—
21	总辐射	0 W/m²	2000 W/m²	800 W/m²	1000 W/m²	—
22	直接辐射	0 W/m²	1400 W/m²	800 W/m²	1000 W/m²	—
23	散射辐射	0 W/m²	1200 W/m²	800 W/m²	1000 W/m²	—
24	反射辐射	0 W/m²	1200 W/m²	800 W/m²	1000 W/m²	—
25	紫外辐射 UV-A	0 W/m²	200 W/m²	50 W/m²	90 W/m²	—
26	紫外辐射 UV-B	0 W/m²	100 W/m²	20 W/m²	30 W/m²	—

　　表中"下限"和"上限"的值是可以根据季节和自动站安装地的气候条件进行设置的,可以分 3 种情况。

　　(1)根据当地的气候极值作适当放宽,确定每个要素"正确"数据的下限和上限。

　　(2)将传感器的测量范围定为每个要素"正确"数据的下限和上限。

　　(3)设置宽范围和通用的值。

表 20.3 列出的下限和上限即宽范围和通用的值。

2. 极限范围检查

(1)验证瞬时值,是否在可接受的界限(下限、上限)范围内。

(2)未超出极限范围时,标识"正确"。

(3)超出极限范围时,若下限和上限值由当地气候极值确定,则标识"存疑";若下限和上限值按传感器的测量范围或宽范围和通用的值确定,则标识"错误"。

3. 变化速率检查

验证瞬时值的变化速率,检查出不符合实际的尖峰信号或跳变值,以及由传感器故障引起的测量死区。

(1)瞬时值的"最大允许变化速率"

当前瞬时值与前一个值的差,若大于等于表 20.3 中的"存疑的变化速率"且小于"错误的变化速率",则当前瞬时值标为"存疑";若大于等于表 20.3 中的"错误的变化速率",则标识为"错误"。

在极端天气条件下,气象变量可能会发生不同寻常的变化,这种情况下,正确的数据也有可能被标上"存疑"。所以,"存疑"的数据不能被丢弃,应传输至业务终端软件,作进一步验证。

(2)瞬时值的"最小应该变化速率"

瞬时值的示值更新周期为 1 min,即瞬时值每分钟都接受检查。

在过去的 60 min 内,规定气象瞬时值的"最小应该变化速率",同样能帮助验证该值是否正确。

如果这个值未能通过最小应该变化速率检查,应标记"存疑"。

4. 内部一致性检查

用于检查数据内部一致性的基本算法是基于两个气象变量之间的关系。下列条件是成立的。

(1)露点温度小于或等于气温 $t_d \leqslant t$。

(2)风速为零($W_S = 0$),则风向(W_D)一般不会变化。

(3)风速不为零($W_S \neq 0$),则风向(W_D)一般会有变化。

(4)分钟极大风速一般大于等于 2 min 和 10 min 平均风速。

(5)如果日照时数大于零($S_D > 0$),而太阳辐射为零($E = 0$),这两个瞬时值均不可信。

(6)各极值及出现时间应与对应时段相应要素瞬时值不矛盾。

(7)各累计量应与对应时段相应要素各瞬时值不矛盾。

如果某个值不能通过内部一致性检验,应标识为"不一致"。

20.2　业务终端软件质量控制

20.2.1　总体要求

设备端采集的数据输出到业务终端软件后,应通过业务终端软件进行台站级质量控制。本级质量控制算法、参数、规则等经过审核写入程序。

20.2.2　质量控制标识

质量控制后的数据应进行质量标识,质量标识用质量控制码表示,质量控制码及其含义见表 20.4。

表 20.4　质量控制码及其含义

质量控制码	含义
0	正确
1	可疑
2	错误
3	预留
4	修改数据
5	预留

质量控制码	含义
6	预留
7	无观测任务
8	缺测
9	未作质量控制

20.2.3　质量控制方法

1. 格式检查

按照相关设备端形成的数据格式要求对观测数据的结构以及每条数据记录的长度进行检查。

2. 设备状态检查

设备状态检查结果依赖接收到的设备状态质量控制标识,并与之保持一致。错误数据不再进行后续检查。

3. 数据质量控制码检查

如果读取的质量控制码显示数据错误,数据按缺测处理,同时输出的质量控制码为错误。其余质量控制码不做处理。

4. 气候学界限值检查

气候学界限值检查是指检查数据是否超出其从气候学角度上不可能超出的气象要素临界值。相关要素气候学界限值见表 20.5。

表 20.5　气候学界限值

序号	要素	软件中界限值检查范围
1	气温(℃)	[-80　60]
2	本站气压(hPa)	[300　1100]
3	海平面气压(hPa)	—
4	相对湿度(%)	[0　100]
5	2 min 平均、10 min 平均、最大瞬时风的风向(度)	[0　360]
6	2 min 平均、10 min 平均风速(m/s)	[0　75]
7	瞬时风速(m/s)	[0　150]
8	分钟降水量(mm)	[0　40]
9	露点温度(℃)	[-80　35]
10	地表温度(℃)	[-80　80]
11	草面温度(℃)	[-80　80]
12	5 cm 地温(℃)	[-80　80]
13	10 cm 地温(℃)	[-70　70]
14	15 cm 地温(℃)	[-60　60]
15	20 cm 地温(℃)	[-50　50]
16	40 cm 地温(℃)	[-45　45]
17	80 cm,160 cm,320 cm 地温(℃)	[-40　40]
18	太阳辐射(W/m²)	[0　1600]
19	云高(m)	[0　15000]
20	能见度(m)	[0　30000]

5. 气候极值检查

气候极值检查是检查各要素值是否超过历史上出现过的最大值和最小值。在指定的地域和时域范围内,根据台站气候统计值对数据进行台站气候极值检查。气象要素的气候极值因地理区域和季节的不同而不同。

6. 时间一致性检查

时间一致性检查是指气象记录在一定时间范围内的变化是否具有特定规律的检查。

(1)气象要素的最大允许变化速率

最大允许变化速率见表 20.6。

表 20.6   最大允许变化速率(分钟)

序号	要素	最大允许变化速率(分钟)
1	气压	1 hPa
2	温度	3℃
3	露点温度	2℃
4	相对湿度	10%
5	2 min 平均风速	20 m/s
6	地面温度	5 ℃
7	草面温度	5 ℃
8	5 cm 地温	1 ℃
9	10 cm 地温	1 ℃
10	15 cm 地温	1 ℃
11	20 cm 地温	1 ℃
12	40 cm 地温	0.5 ℃
13	80 cm,160cm,320 cm 地温	0.3 ℃
14	太阳辐射	800 W/m²
15	能见度	3000 m

(2)气象要素的最小应该变化速率检查

最小应该变化速率见表 20.7。

表 20.7   最小应该变化速率(一般为过去 60 min 内)

序号	要素	最小应该变化速率(60 分钟)
1	气压	0.1 hPa
2	温度	0.1 ℃
3	露点温度	0.1 ℃
4	相对湿度	1%
5	风速	0.5 m/s(2 min 平均风速)
6	风向	10°(10 min 平均风速大于 0.1 m/s)
7	瞬时风速	—
8	地面温度	0.1℃(除雪融状况)
9	草面温度	0.1 ℃

序号	要素	最小应该变化速率（60分钟）
10	5 cm 地温	土壤温度可能会很稳定,没有最小变化速率要求
11	10 cm 地温	
12	15 cm 地温	
13	20 cm 地温	
14	40 cm 地温	
15	80 cm,160 cm,320 cm 地温	
16	能见度	—

7. 内部一致性检查

同一时间观测的气象要素记录之间的关系应符合一定物理联系的检查,即为内部一致性检查。包含同类要素之间的内部一致性检查和不同类型要素之间的内部一致性检查。

（1）同类要素内部一致性检查

一般为逻辑性检查,如正点值大于等于最小值、正点值小于等于最大值、小时累计量等于小时内每分钟量之和等见表20.8。

表 20.8　各要素内部一致性算法列表

序号	要素	算法
1	气温	气温≤最高气温
		气温≥最低气温
2	本站气压	气压≤最高气压
		气压≥最低气压
3	相对湿度	相对湿度≥最小相对湿度
4	风速	10 min 风速≤最大风速
		2 min 风速≤极大风速
		极大风速≥最大风速
5	地面温度	地面温度≤最高地面温度
		地面温度≥最低地面温度
6	草面温度	草面温度≤最高草面温度
		草面温度≥最低草面温度
7	能见度	10 min 平均能见度≥最小能见度
8	降水	小时降水量=分钟降水量之和
9	日照时数	小时日照时数=分钟日照时数之和

（2）不同要素内部一致性检查

不同要素之间一致性检查方法较为复杂且具有一定地域性,随着自动观测的全面推广,与自动观测相适应的内部一致性质量控制方法将逐步完善。

20.2.4　质量控制流程

业务终端软件按照“格式检查→设备状态检查→数据质量控制码检查→气候学界限值检查→气候极

值检查→时间一致性检查→同类要素内部一致性检查→不同要素内部一致性检查"的顺序进行质量控制,数据质量控制流程如图 20.1 所示。

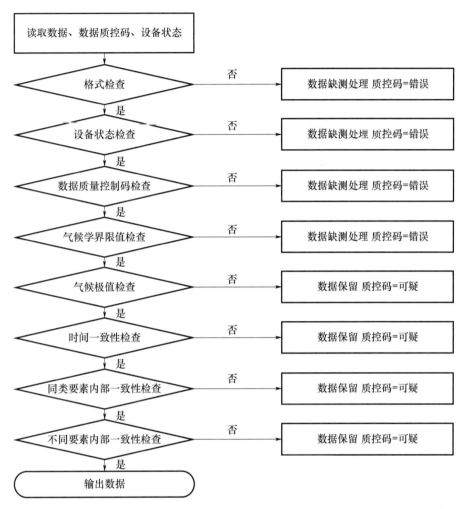

图 20.1　业务终端软件数据质量控制流程图

20.2.5　质量控制规则

采集到的观测数据通过业务终端软件完成质量控制,本级质量控制添加相应质控码。具体质量控制规则如下。

1. 格式检查和气候界限值检查结果为:正确或错误,相应的质控码为 0 或 2。错误数据置为缺测,不再进行后续检查。

2. 未通过设备状态检查时,相应质控码为 2。错误数据置为缺测,不再进行后续检查。

3. 进行数据质量控制码检查时若读取的质量控制码显示数据错误,则数据做缺测处理,相应质控码为 2。其余质量控制码信息不做处理。

4. 气候极值检查、时间一致性检查和内部一致性检查结果为:正确或可疑,相应质控码为 0 或 1。可疑数据保留,进一步质控或上传至省级进行质控。

20.3　省级质量控制

20.3.1　总体要求

建立自动化数据处理规程和质量控制方法以及疑误信息处理机制,按照一定策略自动运行并生成质量控制信息,为人机交互系统提供数据源。省级数据处理人员对质量控制系统产生的疑误信息通过人机交互系统进行处理。

20.3.2　质量控制标识

质量控制后的数据用质量控制码标识,质量控制码及其含义见表 20.4。

20.3.3　质量控制方法

1. 界限值检查

界限值检查是检查要素值是否在其测量允许值范围之内。各气象要素的界限值阈值范围参考表 3.1 以及《地面气象观测资料质量控制 QX/T 118—2010》。

2. 范围值检查

范围值检查是采用时间和空间插值原理,基于广义极值分布理论,推求任意地点的多年日要素极值;然后采用数据插值技术,结合要素日变化规律,设计任意地点(包含无观测资料地点)逐时、逐日、逐月阈值计算方法。

3. 内部一致性检查

有些气象观测要素相互之间关系密切,其变化规律具有一致性。根据该特性,对相关数据是否保持这种内部关系来检查其是否异常,以确定数据质量,即为内部一致性检查。内部一致性检查分为 3 种情况,一是同类要素之间,二是不同类型要素之间,三是统计值之间。

4. 时间一致性检查

时间一致性检查包括时变检查和持续性检查。

时变检查:大气中的有些观测数据与时间显著相关,具有良好的时间一致性,将此类数据与该时间之前或之后的测值进行比较,以判断该数据是否发生异常。时变检查主要是根据要素在某时段内的变化情况来判断数据质量。

持续性检查:气象要素值会随着时间、地域的变化而波动,如果某要素值较长时间没有发生变化则有可能数据异常。在质量控制中,用标准差 σ 来衡量一组要素值中的某个值与平均值的差异程度,进而评估要素值的变化或波动程度。标准差随地理区域和要素的不同而异,标准差越大,表示要素值波动范围越大。

5. 空间一致性检查

空间一致性检查是利用与被检站下垫面及周围环境相似的一个或多个邻近站点观测数据计算被检站的要素值,对被检站观测值和计算值进行比较,比较结果是否超过给定的阈值。

一般采用百分位法(即 Madsen-Allerupt 方法)进行空间一致性检查。

6. 特殊天气检查

当发生大幅降温、积雪、高湿、等温以及其他中小尺度天气时,可能会导致相关要素未通过界限值、范围值,以及空间一致性、内部一致性、时间一致性等检查,从而导致质量控制发生误判。为了消除误判影响,对未通过上述质量检查的项目进行特殊天气检查。

(1)大幅降温

当大幅降温时,气温和地面温度等要素可能无法通过时间一致性和空间一致性检查。

(2)积雪

当地面温度传感器被积雪掩埋时,地面温度可能长时间不变或变化很小,导致无法通过时间一致性检查。

(3)高湿

高湿状态下相对湿度可能无法通过时间一致性检查。

(4)等温

气温长时间不变或变化很小时会导致无法通过时间一致性检查。

(5)中小尺度天气现象

有些地理范围小或持续时间短的中小尺度天气过程可能会导致某些要素无法通过时间一致性和空间一致性检查。

7. 系统偏差检查

系统偏差检查包括传感器漂移、启动风速增大、风向缺失检查等。

传感器漂移以及风向缺失检查与前述 6 项检查有较大差异,主要表现在 4 个方面,一是所使用的数据量大且持续时间较长(一般在一年以上);二是检查对象不是单个数据,而是一批数据;三是检查频次不是逐时或每天,而是以较长的时间周期(一般为一旬)进行检查;四是对疑误数据的处理后一般不进行标注。

(1)传感器漂移

传感器运行状态一般分为 3 种情况:一是正常状态,即测得的气象要素值准确度在允许范围内;二是失效状态,即测得的气象要素值离真值很远;三是失真状态,即测得的气象要素在真值附近,但超出了允许的准确度范围。常规质量控制方法可检查出失效状态,但对失真状态往往无能为力,因此需进行传感器漂移检查。

(2)启动风速增大

启动风速增大是指外力(如灰尘污染、轴承磨损等)原因导致风速传感器启动风速偏大,当风速较小时,风杯不转,导致风速数据质量下降,可通过对风速分布规律以及时间序列分析进行检测。

(3)风向缺失

风向传感器故障或冻结时会导致风向异常,从而影响风向数据质量。

另外,对降水、日照和蒸发等要素结合时域、地域特征分析进行系统偏差检查。

8. 其他检查

其他检查包括地温日较差检查、台站参数检查等。

20.3.4　质量控制流程

对地面气象观测数据进行质量控制时,按照界限值、范围值、内部一致性、时间一致性、空间一致性、特殊天气、系统偏差等顺序检查,最后为数据质量标识。

省级数据质量控制过程采用 2 次递归方式(即 2 次启动)设计,分别记为 QC1 和 QC2。

QC1:逐时资料的第 1 次质量控制,其启动时间为正点后 5 min(即 $HH+0:05$),当前时次所有台站数据被一次性批量质控;其后,再有台站数据入库时立即进行质量控制。上述质控均产生质控信息。

QC2:启动时间为 $HH+3:30$,例如 08 时资料在 11 时 30 分进行第 2 次质量控制(所有台站资料同时进行质控)。新的质控信息和原质控信息(包括该数据是否由人工订正或处理等情况)进行比较,根据比较结果最终确定该数据的质量控制标识。

疑误数据的处理流程通过对疑误数据的"时清""日清"和"月清"来实现。

时清:对某时次数据的完整性、准确性进行分析,对实时数据缺测、异常等情况进行处理。

日清:建立在时清的基础上,是时清工作的汇总。在日末后,重点对日数据文件、元数据的缺测、疑误等情况进行处理。

月清:对月数据质量、全月元数据的完整性进行检查,生成地面 A 文件、J 文件并上报。

20.3.5　质量控制规则

省级采取自动和人机交互的方式对地面气象观测疑误数据进行质量控制。

1. 疑误数据分类

疑误数据是指没有通过一个或多个数据质量控制方法检查的气象要素,如"某站气温没有通过空间一致性检查,与周围邻近站相比偏低",该时气温即为一个疑误数据。

疑误数据包括错误数据、可疑数据和缺测数据。

未通过界限值检查的观测数据属于错误数据,质控标识为 2。

未通过范围值、内部一致性、时间一致性和空间一致性等检查的观测数据属于可疑数据,质控标识为 1。

需进行观测但无有效值的观测数据属于缺测数据,质控标识为 8。

2. 疑误数据质量控制规则

（1）分钟数据

辐射和地面分钟疑误数据不做处理。

通过质控检查的，质控标识为 0；判断为错误数据的，质控标识为 2；判断为可疑数据的，质控标识为 1；判断为缺测数据的，质控标识为 8。

（2）小时数据

辐射和地面小时数据按照疑误数据分类进行处理，对于错误或缺测数据，若有数据可代替时，则修改原值，质控标识为 4；否则，仅保留原值，质控标识为 2 或 8。对于可疑数据，若能判断数据有明显错误，则按照错误数据进行处理；若无法判断是否正确，则保留原值，质控标识为 1。

20.4　国家级质量评估

国家级质量评估是在国家级气象资料业务系统质量控制可信数据的基础上，开展实时质量评估。采用 WMO 国际通用评估方法，构建偏差统计评估模型，建立统计指标体系，进一步识别质控数据，通过国家级与台站联动机制，提升观测数据准确性。

第 21 章　异常记录处理原则与方法

21.1　异常记录处理原则

异常记录是指经过数据质量控制后确定为缺测、错误、可疑的观测数据。

当某个数据不完全正确但基本可用时,按正常记录处理;有明显错误且无使用价值时,采用一定的查询或统计方法获取可用以代替的数据,否则按缺测处理。当全部数据不正常时,应及时启用备份站开展观测,无备份站的按缺测处理。

气压、气温、相对湿度、风向、风速、地温、草温等记录异常时,正点时次的记录按照正点前 10 min 内(51—00 min)接近正点的正常记录、正点后 10 min 内(01—10 min)接近正点的正常记录、备份站记录、内插记录(内插可以跨日界)的优先顺序进行代替;其中风向、风速异常时,均不能内插,瞬时风向、瞬时风速异常时按缺测处理。

除降水外的分钟数据异常时均按缺测处理,不内插,不用备份自动站记录代替。对于降水分钟数据,若因某时段降水资料异常而影响年报中"15 时段年最大降水量"及其开始时间挑选时,如果相应时段的备份站降水资料正常,需将备份站挑选的"降水量、出现次数和开始时间"替换到现用站的年报表中。

自动站每小时正点数据与该正点时的分钟数据应保持一致。不一致时,对前后记录进行分析,若确认正点数据有误,则用该正点的分钟数据代替;若确认正点分钟数据有误,则用正点值代替。

自动站降水量有缺测时,或自动站蒸发量、辐射曝辐量时值连续缺测两小时及以上时,日总量均按缺测处理。

日照时数有缺测时,按实有记录计算日合计。日照时数全天缺测时,若全天为阴雨天气,则该日日出日落时段内日照时值及日合计值均按"0.0"处理;否则,该日日照时数按缺测处理。

降水量、能见度、日照不能内插。

连续两个或以上正点数据缺测时不内插,仍按缺测处理。

4 次平均值和 24 次平均值可以互相代替。

21.2　具体要素异常记录处理方法

21.2.1　气温和相对湿度

当气温或相对湿度为分钟数据代替值、备份站代替值或内插值时,水汽压和露点温度需反查求得。

21.2.2　气压

本站气压异常需用备份站记录代替时,若两站的气压传感器海拔高度不一致,需进行高度差订正,再以此计算海平面气压。

21.2.3　降水

1. 降水记录异常处理

(1)若无降水现象,因其他原因(昆虫、风、沙尘、树叶、人工调试、设备故障等)造成异常记录时,删除该时段内的分钟和小时降水量。

(2)降水现象停止后,仍有降水量,若能判断为滞后(量一般小于等于 0.3 mm,且滞后时间不超过 2 h),将该量累加到降水停止的那分钟和小时时段内,否则将该量删除。

(3)称重式降水传感器在降水过程中,伴随有沙尘、树叶等杂物时,按正常降水记录处理;遇液态降水溢出或固态降水堆至口沿以上,或降水过程中取水,则该时段降水量按缺测处理。

(4)称重式降水传感器承水口内沿堆有积雪或雨凇时,应及时清理到收集容器内。由此产生的异常数据,能判断降水结束时间的,若收集的雪量小于等于 0.3 mm,应参照滞后降水的规定处理,即将该量累加到降水停止的那分钟和小时时段内,若收集到的雪量>0.3 mm,加入到降水结束的时次,该时次降水时段内的分钟数据按缺测处理;不能判断降水结束时间的,加入到有降水量的最后一个时次,该时次内的分钟数据按缺测处理。

(5)随降随化的固态降水按正常情况处理。

2. 降水异常记录代替原则

非结冰期,降水量以翻斗雨量传感器记录为准,异常时段内的数据按称重式降水、备份站翻斗雨量顺序代替。无自动观测设备备份时应及时启用人工观测记录代替。

结冰期,降水量以称重式降水传感器记录为准,异常时,启用人工观测记录代替。

21.2.4　风

1. 2 min 与 10 min 平均风有缺测时,不能相互代替。

2. 正点风向风速异常,按照正点前 10 min、正点后 10 min、备份站记录的顺序代替。用正点前、后 10 min 记录代替时,用以代替正点 2 min(10 min)平均风的分钟数据必须为有效数据,即从拟代分钟数据开始,之前 2 min(10 min)内的数据均正常可用。

3. 正点风向风速缺测时,不能用前、后两时次正点数据内插求得。

4. 风速记录缺测但有风向时,风向亦按缺测处理;有风速而无风向时,风速照记,风向缺测。

5. 正点 2 min(10 min)风向风速用正点前后 10 min 记录代替时,优先考虑用风向风速皆有的分钟数据代替,否则只用接近正点的风速分钟数据代替正点 2 min(10 min)风速,此时风向按缺测处理;当正点风速经代替后的值小于等于 0.2 时,风向记为"C"。

6. 正点瞬时风向风速异常时,按缺测处理。

21.2.5　蒸发

1. 因降水(蒸发桶溢流等)或维护导致小时蒸发量异常,按 0 处理。

2. 蒸发设备故障时,若备份站记录正常,小时蒸发量用备份站记录代替。无备份站时,若只缺测1 h,该时次内插处理;若连续缺测 2 h 及以上,相应时次作缺测处理。

3. 设备故障或大型蒸发结冰期间,数据按缺测处理。

21.2.6　能见度

1. 当视程障碍现象综合判识出现明显错误时,能见度记录仍以自动观测为准,允许自动能见度记录与该类天气现象不匹配。

2. 当能见度设备故障或数据异常,有备份站记录代替时,正点能见度数据可用备份记录代替;若无自动记录代替,按缺测处理,不能内插,不用正点前后 10 min 接近正点的记录代替。

21.2.7　云

有总云量而无云高时,维持原记录;无总云量而有云高时,删除云高记录。

21.2.8　雪深

1. 雪深仪故障或数据明显异常时,记录按缺测处理。

2. 有积雪而无雪深时,维持原记录;无积雪而有雪深时,删除雪深记录,同时清理采样区残留积雪。

21.2.9　辐射

1. 若在日出后第 2 个小时至日落前 2 个小时之间(当为阴天或地面有积雪反射辐射很强时除外)净辐射值出现负值,或日落后至日出前净辐射出现正值,若时曝辐量的绝对值大于 0.10,则将该时值用内插法求得;若在日落之后和日出之前有总辐射、直接辐射、散射辐射、反射辐射,则将其置空处理。

2. 若记录之间有矛盾,但不能判断是何要素有明显错误,则维持原记录;若能判断某要素有明显错误,则先将该要素的记录值按缺测处理,再按记录缺测时的处理规定对该记录进行处理。当水平面直接辐射大于等于垂直于太阳面的直接辐射时,维持原记录。

3. 辐射记录的时曝辐量缺测时,若无正点辐照度值,则用内插法求得;对于跨日出、日落的时次(包括前后两时次)按梯形面积法进行内插。

21.2.10　降水天气现象

1.自动观测降水现象或起止时间出现明显错误(如降水相态错误)时,应结合实际情况进行订正,否则记录按缺测处理。

2.降水现象与分钟降水量记录应保持一致。有降水现象而无降水量时,如判定降水现象记录异常,删除降水现象,否则维持原记录,按微量降水处理。无降水现象而有降水量时,如判定降水现象记录异常,对降水现象进行订正;如判定为滞后降水,则按滞后降水的处理原则处理;如判定为非降水,则按无降水现象处理。

21.2.11　时极值的异常处理

某时次的气温、相对湿度、风速、气压、地温、草温(雪温)、辐射因分钟数据异常而影响时极值挑取时,时极值应从本时次正常分钟实有记录和经处理过的正点值中挑取。

1.若极值从本时次正常分钟实有记录中挑得,极值和出现时间正常记录。

2.若极值为经处理过的正点值,且该正点值为正点后 10 min 内的代替数据、备份站正点记录、前后时次内插值时,极值出现时间记为正点 00 分。

3.不能从以上记录中挑取时,时极值按缺测处理。

4.自动观测能见度分钟数据异常,影响时极值的挑取时,时极值按缺测处理。

21.2.12　日极值的异常处理

1.日极值从各时极值(包括经处理过的时极值)中挑取。

2.若某时极值缺测,则日极值从实有的各时极值中挑取。

3.自动观测记录全天缺测时,日极值按缺测处理。

4.若日极值出现时间恰为 24 时,一律记录为 00 时 00 分。

第22章　观测数据统计方法

22.1　地面观测数据的统计方法

22.1.1　总体说明

1. 统计时段说明

候:5 日为 1 候。一个月分为 6 候,第 6 候为 26 日—月底。

旬:10 日为 1 旬。一个月分为 3 旬,第 3 旬为 21 日—月底。

月:按公历法各月由 28—31 日组成,1 年分为 12 个月。

季:一年分为 4 季,一季 3 个月。其中 3—5 月为春季;6—8 月为夏季;9—11 月为秋季;12 月—次年 2 月为冬季。

年:按公历法从 1 月 1 日起,至 12 月 31 日止,1 年为 365 或 366 日。

2. 统计精度

各要素统计精度见表22.1。

表 22.1　各要素统计精度表

要素	单位和精度	要素	单位和精度
气压	0.1 百帕(hPa)	雪深	1 厘米(cm)
气温	0.1 ℃	冻土深度	1 厘米(cm)
水汽压	0.1 百帕(hPa)	日照时数	0.1 小时
相对湿度	1%	日照百分率	1%
风速	0.1 米/秒(m/s)	电线积冰厚度	1 毫米(mm)
风向	°(16 方位、静风)	电线积冰直径	1 毫米(mm)
降水	0.1 毫米(mm)	电线积冰重量	1 克/米(g/m)
大型蒸发	0.1 毫米(mm)	日数	1 日
总云量	0.1 成	频率	1%
能见度	1 米(m)		
地温	0.1 ℃		

3. 其他

在进行统计时,质量控制后仍为错误的数据按缺测处理。

四舍五入统计平均值(能见度除外)。

22.1.2　统计方法

1. 日值统计

(1)日平均值

本站气压、海平面气压、气温、水汽压、相对湿度、风速(2 min)、地面温度、浅层地温、深层地温、草面(雪面)温度、总云量的日平均值为该日相应要素 24 个正点值的算术平均值;同时做 02 时、08 时、14 时、20 时 4 次日平均。

(2)日极值

① 日最高(低)本站气压、气温、地面温度、草面(雪面)温度从前一日 21 时至当日 20 时的小时极值中挑取最大(小)值,并记录第一个最大(小)值的出现时间;日最小相对湿度、日最小能见度从前一日 21

时至当日 20 时的小时极值中挑取最小值,并记录第一个最小值的出现时间。

② 日最大风速、日极大风速从前一日 21 时到当日 20 时小时最大、极大值中挑取,并记录第一个最大、极大值对应的风向及出现时间。

(3)日总量

降水量(20—08 时、08—20 时、20—20 时)、大型蒸发、日照时数等项的日总量由该日相应要素各时值累加,08—08 时降水量采用当日 08—20 时、次日 20—08 时各时值累加。

(4)其他

雪深为该日雪深小时值中的最大值。

2. 候、旬值统计

(1)候、旬平均值

① 本站气压、海平面气压、气温、水汽压、相对湿度、风速(2 min)、地面温度、浅层地温、深层地温、草面(雪面)温度、总云量的候(旬)平均值用纵行统计,即候(旬)内各日日平均值的算术平均值。

② 日最高气温、日最低气温的候(旬)平均值为候(旬)内各日日极值的算术平均值。

(2)候、旬极值

① 候、旬极端最高(低)本站气压、气温、地面温度、草面温度分别从该候(旬)内相应的日极值中挑取,记录第一个最大(小)值出现日期,并记录出现日数。

② 候、旬最大(极大)风速从日最大(极大)风速中挑取,记录第一个最大(极大)值对应的风向及出现日期,并记录出现日数。

(3)候、旬总量

① 候、旬降水量(20—20 时、08—08 时)、日照时数、大型蒸发量为日总量之和。

② 候、旬日照百分率由候、旬日照时数除可照总时数求得,以百分率表示。候、旬可照总时数参照附录 D 计算。当候、旬日照时数缺测时,该候、旬日照百分率按缺测处理。

纵行统计方法如图 22.1 所示。

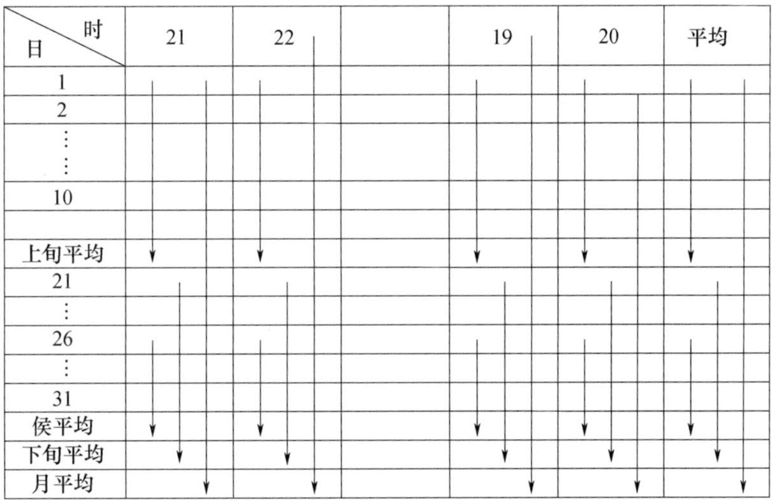

日＼时	21	22		19	20	平均
1						
2						
⋮						
10						
上旬平均						
21						
⋮						
26						
⋮						
31						
候平均						
下旬平均						
月平均						

图 22.1　纵行统计方法

3. 月、季、年值统计

(1)月、季、年平均值

① 本站气压、海平面气压、气温、水汽压、相对湿度、2 min 风速、总云量、地面温度、浅层地温、深层地温、草面(雪面)温度的月平均值按纵行统计,为月内各日平均值的算术平均值;季、年平均值为相应各月平均值的算术平均值。

② 日最高(低)本站气压、气温、地面温度、草面(雪面)温度的月平均值为月内各日最高(低)值的算

术平均值;季、年平均值为相应各月平均最高(低)值的算术平均值。

③ 月、季、年平均气温日较差为月、季、年平均日最高气温与平均日最低气温之差。当月、季、年平均日最高气温或平均日最低气温缺测时,平均气温日较差按缺测处理。

④ 16 方位各风向的月、季、年平均风速统计方式如下。

根据月、季、年内每日 24 次定时 2 min 风向、风速记录,先统计该月、季、年各风向的风速合计值和出现回数,然后按下式计算:

某风向月、季、年平均风速＝该风向的风速月、季、年合计值÷该风向月、季、年出现回数

某风向出现回数为 0 时,相应风向月、季、年平均风速等于 0。一月中,各定时值缺测 60 次或以下时,各风向月平均风速按实有记录数统计;反之,各风向月平均风速按缺测处理。季、年内某风向月平均风速缺测一月及以上时,该风向季、年平均风速缺测处理。

(2)月、季、年极值

① 本站气压、气温、地面温度、草面(雪面)温度的月极端最高(低)值、月最小相对湿度从月内日极值中挑取最大(小)值,记录第一个最大(小)值的出现日期,并统计出现日数;季、年极值从相应各月极值中挑取,记录第一个最大(小)值出现的月份和日期,并统计出现日数。

② 年极端最高本站气压、气温、地面温度、草面(雪面)温度从逐月实有月极值中挑取,记录实有记录数。如果 4—9 月月极大值全部缺测,则相应年极大值缺测。

③ 年极端最低本站气压、气温、地面温度、草面(雪面)温度从逐月实有月极值中挑取,记录实有记录数。如果 12 月至次年 2 月月极小值全部缺测,则相应年极小值缺测。

④ 月最大(小)气温日较差:从该月各日气温日较差(日最高气温－日最低气温)中挑取最大(小)值,记录第一个最大(小)值的出现日期,并统计出现日数。季、年最大(小)气温日较差从相应的月极值中挑取,记录第一个最大(小)值出现的月份和日期,并统计出现日数。

气温季较差:为该季最高月平均气温和最低月平均气温之差。当最高月平均气温或最低月平均气温缺测时,气温季较差按缺测处理。

气温年较差:从 5—9 月中挑选最高月平均气温,从 1—4 月和 10—12 月中挑选最低月平均气温,计算前后两者之差。当最高月平均气温或最低月平均气温缺测时,气温年较差按缺测处理。

⑤ 月最大(极大)风速从逐日最大(极大)风速中挑取,记录第一个最大值对应的风向及出现日期,并统计出现日数。

季、年最大(极大)风速分别从相应月最大(极大)风速中挑取,记录第一个最大值对应的风向及出现月份和日期,并统计出现日数。

⑥ 16 方位各风向月最大风速从月逐日 24 次正点 10 min 平均风向风速记录(包括最大风、正点 10 min 风)中挑取;某风向出现回数为 0 时,相应风向最大风速为 0。16 方位各风向季、年最大风速分别相应月的最大风速中挑取。

⑦ 月、季、年最多风向:从各风向(含静风)中挑取月、季、年频率最大值对应的风向,即为月、季、年最多风向。挑取规则如下。

a)当最大频率有两个或以上相同时,挑其出现回数最多者。

b)若回数也相同,挑其平均风速最大者。

c)当某风向与静风出现频率同为最多时,则挑该风向为出现频率最大者。

d)当静风的出现频率为最大者时,则需挑取月次多风向。

e)月、季、年次多风向挑取方法同月、季、年最多风向。

⑧ 降水量的月、季、年极值统计

月最大日降水量从该月 20—20 时日降水量中挑取第一个最大值,并记录对应的日期。季、年最大日降水量相应月最大日降水量中挑取第一个最大值,并记录对应的月份和日期。

月最大小时降水量从该月逐时降水量中挑取第一个最大值,并记录相应的日期。季、年最大小时降

水量分别从相应月最大小时降水量中挑取第一个最大值,并记录相应的月份和日期。

月最长连续降水日数、月最长连续降水量、月最长连续降水止日从该月 20—20 时日降水量中统计日降水量大于等于 0.1 mm 的最长连续日数,统计连续降水量累计值,并记录止日。最长连续降水日数可上跨月、年挑取。最长连续降水日为 1 天时,日数记 1。最长连续降水日数出现两次或以上相同时,挑连续降水量最大的一次;若连续降水量也相同,则不记止日,仅记次数。全月各日降水量均小于 0.1 mm 时,日数记"0",不记降水量和止日。某日降水量缺测,视为无降水(中断降水过程)。季、年最长连续降水日数、最长连续降水量、最长连续降水止日的统计方法同上。

月最长连续无降水日数、月最长连续无降水止日从该月 20—20 时日降水量中统计日降水量小于 0.1 mm 的最长连续日数,并记录止日。连续无降水日数可上跨月、年挑取。最长连续无降水日为 1 天时,日数记 1。最长连续无降水日数出现两次或以上相同时,不记止日,记次数。某日降水量缺测,视为有雨(中断无降水过程)。季、年最长连续无降水日数、最长连续无降水止日的统计方法同上。

月最大连续降水量、月最大连续降水日数、月最大连续降水止日从各连续降水(日降水量大于等于 0.1 mm)过程中,挑取降水总量最大者,统计相应的降水日数,并记录止日。可以上跨月、年统计。最大连续降水量出现两次或以上相同时,挑连续日数最短的一次;当连续日数又相同时不记止日,记次数。全月无降水时,降水量记 0,不记连续日数和止日。季、年最大连续降水量、最大连续降水日数、最大连续降水止日的统计方法同上。

15 个降水时段年最大降水量以 1 分钟为步长,从 1—12 月每分钟降水量数据文件中滑动挑取最大的 5 min,10 min,15 min,20 min,30 min,45 min,60 min,90 min,120 min,180 min,240 min,360 min,540 min,720 min,1440 min 累计降水量及开始时间。各时段年最大降水量挑取不受日、月界的限制(但不跨年挑取)。各时段年最大降水量及开始时间,只有当 1440 min(24 h)年最大降水量大于等于 10.0 mm 时才挑取,否则,15 个时段记录均不统计(空白)。各时段年最大降水量出现两次或以上相同时,开始时间记出现次数。当某分钟降水量缺测时,视该分钟降水量为 0,参加统计。

⑨ 月最大雪深从相应的日雪深中挑取最大值,记录第一个最大值的出现日期,并统计出现日数。季、年最大雪深从各月最大雪深中挑取最大值,记录第一个最大值出现的月份和日期,并统计出现日数。

⑩ 月最大冻土深度从各日第一冻土层的下限值中挑取最大值,记录第一个最大值的出现日期,并统计出现日数。季、年最大冻土深度从各月最大冻土深度中挑取最大值,记录第一个最大值出现的月份和日期,并统计出现日数。

⑪ 月电线积冰最大重量及相应直径、厚度、出现日期从各日电线积冰南北方向重量和东西方向重量中,挑取最后一次出现的最大重量,并记录相应直径、厚度、出现日期。季、年电线积冰最大重量从各月电线积冰最大重量中,挑取最后一次出现的最大者,并记录相应直径、厚度、出现月份和日期。

(3)月、季、年总量

① 月降水量(20—20 时、08—08 时)、月大型蒸发量、月日照时数均为该月各要素日总量之和;季、年总量则为季、年内逐月总量之和。

② 月日照百分率由月日照时数除该月可照总时数求得,以百分率表示。月可照总时数参照附录 D 计算。当月日照时数缺测时,该月日照百分率按缺测处理。季、年日照百分率的统计方法同上。

(4)月、季、年日数

① 月日最高气温(≥30 ℃,≥35 ℃,≥40 ℃)日数、日最低气温(<2 ℃,<0 ℃,<-2 ℃,<-15 ℃,<-30 ℃,<-40 ℃)日数、日最大风速(≥5 m/s,≥10 m/s,≥12 m/s,≥15 m/s,≥17 m/s)日数、日降水量(≥0.1 mm,≥1 mm,≥5 mm,≥10 mm,≥25 mm,≥50 mm,≥100 mm,≥150 mm,≥250 mm)日数、日平均总云量(<2 成,>8 成)日数、日最低地面温度≤0 ℃日数、日雪深(≥1 cm,≥5 cm,≥10 cm,≥20 cm,≥30 cm)日数分别从相应要素对应的日值中统计。日降水量各级别日数从20—20 时日降水量中统计。

② 月天气现象日数(雨/雪/冰雹/雾/轻雾/露/霜/雨凇/雾凇/积雪/结冰/沙尘暴/扬沙/浮尘/霾/雷

暴/大风)从日天气现象记录统计。

③ 月日照百分率(≥60％)日数为当月逐日日照时数≥本站该月 16 日可照时数×60％的日数；月日照百分率(≤20％)日数为当月逐日日照时数≤本站该月 16 日可照时数×20％的日数。

④ 上述项目的季、年日数为相应的月日数之和。

(5)月、季、年频率

① 各风向(16 方位及静风)频率为某风向月季、年频率为月、季、年内该风向(正点 2 min 平均风向)出现的回数占全月、季、年各风向记录总次数的百分比。

② 风向频率取整数，并统计记录数；风向频率<0.5 时，频率记 0，记录实有记录数；某风向未出现，频率栏空白，记录数为 0。

一月中，正点 2 min 平均风向缺测 60 次或以下时，各风向频率和记录数按实有记录统计；缺测 60 次以上时，月各风向频率按缺测处理，记录实有记录数。

季、年内各风向月频率缺测一个月及以上时，季、年各风向频率按缺测处理。

③ 能见度(<10 km，<5 km，<1 km)频率为能见度月、季、年频率为月、季、年内能见度(<10 km，<5 km，<1 km)的次数占全月、季、年定时观测记录总次数的百分比。

一月中，各定时值缺测占应观测次数的比例为 1/12 或以下时，按实有记录统计频率和记录数；缺测比例大于 1/12 时，月频率按缺测处理，记录实有记录数。

季、年内能见度频率缺测一个月及以上时，季、年能见度频率按缺测处理。

4. 初、终日期和初终间日数、无霜期日数的统计

(1)初、终日期

① 霜、雪、积雪、结冰和最低气温≤0.0 ℃、地面最低温度≤0.0 ℃、草面(雪面)最低温度≤0.0 ℃的初、终日期，挑其上年度(去年 7 月 1 日至本年 6 月 30 日)出现的初日、终日和本年度 7 月 1 日至 12 月 31 日出现的初日。

霜、雪、积雪、结冰的初、终日期，从各月天气现象摘要栏或综合判识的天气现象中挑取；最低气温、地面最低温度、草面(雪面)最低温度≤0.0 ℃的初、终日期，均从地面气象观测数据文件(A 文件)中挑取。挑选方法，在去年 7 月 1 日至本年 6 月 30 日的年度内，最早出现的日期为上年度初日，最晚出现的日期为上年度终日；若上年度内未出现，则上年度初、终日期栏空白。在本年 7 月 1 日至 12 月 31 日内，最早出现的日期为本年度初日；若在此期间未出现，则本年度初日栏空白。

例如：某站 2011 年度霜的初日出现在 2011 年 12 月 18 日，终日出现在 2012 年 2 月 2 日；2012 年度的初日出现在 2012 年 12 月 13 日，终日出现在 2012 年 12 月 28 日；2013 年度的初日出现在 2013 年 12 月 14 日，终日出现在 2013 年 12 月 29 日；2014 年度的初、终日均出现在 2015 年 1 月 10 日；2015 年度的初日出现在 2016 年 1 月 4 日，终日出现在 2016 年 2 月 3 日；2016 年度的初日出现在 2016 年 12 月 25 日。则 2012—2016 年年报表霜的初、终日期(日/月)统计方法见表 22.2。

表 22.2　2012—2016 年年报表霜的初、终日期

年度 报表年份(年)	上年度		本年度
	初日(日/月)	终日(日/月)	初日(日/月)
2012	18/12	2/2	13/12
2013	13/12	28/12	14/12
2014	14/12	29/12	
2015	10/1	10/1	
2016	4/1	3/2	25/12

在高寒地区,由于气候特殊,在挑取终日和初日时,可不受年度界限(6 月 30 日)的限制,应在暖季内选一连续无霜、雪、积雪、结冰和最低气温大于 0.0 ℃、地面最低温度大于 0.0 ℃、草面(雪面)最低温度大于 0.0 ℃日数最长的时期(若此最长连续日数有两段或以上相同时,则取其中日平均气温的累积温度最大的一段),并以此来挑取上年度的终日和本年度的初日。例如,某站某年 6—8 月霜的出现日期见表 22.3。

表 22.3　某站某年 6—8 月霜的出现日期

月份	日期(日)
6 月	1,2,7,13,14,19,23,24,30
7 月	1,4,5,9,10,30,31
8 月	3,8,16,17,24,25,30,31

分析来看,以 7 月 11—29 日连续无霜日数为最长,应挑 7 月 10 日为上年度的终霜日,7 月 30 日为本年度的初霜日。

② 雷暴的初、终日期,挑其当年(1 月 1 日至 12 月 31 日)出现的初日和终日,从各月天气现象摘要栏或综合判识的天气现象中挑取。在 1 月 1 日至 12 月 31 日内最早出现的日期为初日,最晚出现的日期为终日;若全年未出现,则初、终日期栏空白。

(2)初终间日数

各种天气现象和界限温度的初终间日数,是指包括初日和终日在内的初终日期之间的日数。

初终间日数＝终日累计日数－初日累计日数＋1

① 霜、雪、积雪、结冰和最低气温小于等于 0.0 ℃、地面最低温度小于等于 0.0 ℃、草面(雪面)最低温度小于等于 0.0 ℃的初终间日数,按年度(去年 7 月 1 日至今年 6 月 30 日)统计。例 2011—2015 年度霜的初终间日数见表 22.4。

表 22.4　2011—2015 年度霜的初终间日数

年度(年)	初日(日/月)	终日(日/月)	初终间日数(日)
2011	18/12	2/2	47
2012	13/12	28/12	16
2013	14/12	29/12	16
2014	10/1	10/1	1
2015	4/1	3/2	31

② 雷暴的初终间日数,按年份(当年 1 月 1 日至 12 月 31 日)统计。

例如:某站 2011 年雷暴的初日为 4 月 18 日,终日为 9 月 21 日,则初终间日数为 157 天。

(3)无霜期日数

① 当上年度终霜日和本年度初霜日出现在同一个年份内时,则无霜期日数为上年度终霜日的次日至本年度初霜日的前一天之间的日数。

无霜期日数＝初日累计日数－终日累计日数－1

在表 22.5 所举的例子中,2012 年、2016 年的无霜期日数即属此种情况。

表 22.5　2012—2016 无霜期日数

报表年份(年)	上年度终日(日/月)	本年度初日(日/月)	无霜期日数(日)
2012	2/2	13/12	314
2013	28/12	14/12	347

报表年份（年）	上年度终日（日/月）	本年度初日（日/月）	无霜期日数（日）
报表年份（年）	上年度终日（日/月）	本年度初日（日/月）	无霜期日数（日）
2014	29/12	10/1*	365
2015	10/1	4/1**	355
2016	3/2	25/12	325

*、**　2014 年、2015 年的本年度初日栏，在 2014 年、2015 年的年报表中应为空白。

② 当上年度终霜日和本年度初霜日不在一个年份内时，无霜期日数按年份（1 月 1 日至 12 月 31 日）统计。

a）当本年度初霜日出现在 12 月 31 日以前（在本年份内），但上年度终霜日出现在 1 月 1 日以前（不在本年份内）时，则无霜期日数为当年 1 月 1 日至本年度初霜日前一天之间的日数（如上表中的 2013 年），即无霜期日数＝初日累计日数－1。

b）当上年度终霜日出现在 1 月 1 日以后（在本年份内），但本年度初霜日出现在 12 月 31 日以后（不在本年份内）时，则无霜期日数为上年度终霜日的后一天至当年 12 月 31 日之间的日数（如上表中的 2015 年），即无霜期日数＝365（闰年为 366）－终日累计日数。

c）当上年度终霜日出现在 1 月 1 日以前，本年度初霜日出现在 12 月 31 日以后，即本年份内未出现霜时，则无霜期日数为 365 天（如上表中的 2014 年），闰年为 366 天。

22.1.3　不完整记录的处理与统计

当参与统计的数据源不完整时，除特殊说明外，按以下规定处理。

1. 平均值

（1）日平均

当某日平均值由 3 次或 4 次定时值统计时，若某次定时值缺测，则日平均值按缺测处理。

（2）候、旬、月平均

在统计候、旬、月平均值时，只要有一个日平均值缺测，则候、旬、月平均值采用相应 3 次或 4 次定时的候、旬、月平均值进行计算，当其中一个时次的候、旬、月平均值缺测时，则候、旬、月平均值按缺测处理。

一候、旬、月中，某定时值分别缺测 1 次、2 次、6 次或以下时，按实有记录统计相应的定时平均值；缺测 2 次、3 次、7 次或以上时，该候、旬、月各定时平均值按缺测处理。

（3）季平均

一季中月值缺测 1 个或以上时，不做季统计，季平均值按缺测处理。

（4）年平均

一年中月值缺测 1 个或以上时，不做年统计，年平均值按缺测处理。

2. 总量值

（1）降水量

日降水量：所统计时段内降水记录全部缺测时，对应的日降水量缺测，记录数为 0；否则按实有记录统计降水量和记录数。

候、旬、月降水量：一候、旬、月中，日降水量分别缺测 1 次、2 次、6 次或以下时，按实有记录统计降水量和记录数；日降水量分别缺测 2 次、3 次、7 次或以上时，该候、旬、月降水量按缺测处理，统计实有记录数。

季、年降水量：降水量记录缺测 1 个月或以上时，该季、年降水量按缺测处理。

（2）大型蒸发量、日照时数

一候、旬、月中，日总量值分别缺测 1 次、2 次、6 次或以下时，相应时段的总量值按以下方法统计：

总量值＝（实有日总量合计值÷实有记录天数）×该时段全部天数

一候、旬、月中,日总量值分别缺测 2 次、3 次、7 次或以上时,相应统计时段的总量值按缺测处理。

季、年总量:蒸发量或日照记录缺测 1 个月或以上时,相应的季、年总量按缺测处理。

3. 极值

(1)日极值

一日中各小时值记录完整或部分缺测时,极值从实有记录中挑取,并统计记录数;如果小时值全部缺测,则日极值按缺测处理,记录数为 0。

(2)候、旬、月极值

一候、旬、月中日极值记录完整或部分缺测时,极值从实有记录中挑取,并统计记录数;如果日极值全部缺测,则候、旬、月极值按缺测处理,记录数为 0。

(3)季、年极值

除特殊说明外,各月极值记录完整或部分缺测时,极值从实有记录中挑取,并统计记录数;如果月极值全部缺测,则季、年极值缺测,记录数为 0。

4. 日数

一候、旬、月中各日值分别缺测 1 次、2 次、6 次或以下时,按实有记录统计日数和记录数;日值分别缺测 2 次、3 次、7 次或以上时,候、旬、月日数按缺测处理,记录实有记录数。

一季、年中各月值缺测 1 个或以上时,不做季、年统计,季、年日数按缺测处理,记录实有记录数。

22.2　气象辐射数据的统计方法

22.2.1　总体说明

1. 统计时段说明

同 22.1.1 中统计时段说明。

2. 统计项目

各辐射量日、候、旬、月 、季、年值统计项见表 22.6。

表 22.6　各要素统计项

序号	要素	统计项
1	总辐射	曝辐量、最大辐照度及出现时间
2	净辐射	曝辐量、最大辐照度及出现时间、最小辐照度及出现时间
3	散射辐射	曝辐量、最大辐照度及出现时间
4	直接辐射	曝辐量、最大辐照度及出现时间、水平面直接辐射曝辐量
5	反射辐射	曝辐量、最大辐照度及出现时间、反射比
6	紫外辐射	曝辐量、最大辐照度及出现时间、紫外辐射 A 波段曝辐量、紫外辐射 A 波段最大辐照度及出现时间;紫外辐射 B 波段曝辐量、紫外辐射 B 波段最大辐照度及出现时间
7	大气长波辐射	曝辐量、最大辐照度及出现时间、最小辐照度及出现时间
8	地面长波辐射	曝辐量、最大辐照度及出现时间、最小辐照度及出现时间
9	光合有效辐射	曝辐量、最大辐照度及出现时间
10	反射比	反射比

3. 统计精度

各要素统计精度见表 22.7。

表 22.7　各要素统计精度表

序号	统计项	单位和精度
1	曝辐量	紫外辐射:0.001 MJ/m²,其他辐射要素:0.01 MJ/m²
2	辐照度	1 W/m²
3	反射比	1%

4. 其他

在进行统计时,质量控制后仍为错误的数据按缺测对待。

四舍五入统计平均值。

除净辐射、大气长波辐射、地面长波辐射全天候观测外,其他各辐射均为日出至日落期间观测。

22.2.2　统计方法

1. 曝辐量

(1)日值:各辐射日曝辐量为该日观测时段内各小时曝辐量合计值。其中,水平面直接辐射日曝辐量＝总辐射日曝辐量－散射辐射日曝辐量,当总辐射日曝辐量或散射辐射日曝辐量未观测或缺测时,水平面直接辐射日曝辐量相应按未观测或缺测处理。(2)候、旬、月值:各辐射候、旬、月曝辐量为该候、旬、月各日曝辐量合计值。

(2)季、年值:各辐射季、年曝辐量为该季、年各月曝辐量合计值。

2. 最大(小)辐照度及出现时间

(1)日值:各辐射日最大(小)辐照度及出现时间从该日观测时段内各时极值和正点辐照度中挑取。

(2)候、旬、月极值:各辐射候、旬、最大(小)辐照度及出现时间从该候、旬、月各日极值中挑取。

(3)季、年极值:各辐射季、年最大(小)辐照度及出现时间从该季、年各月极值中挑取。

3. 反射比

(1)日值:日反射比＝反射辐射日曝辐量÷总辐射日曝辐量。

(2)候、旬、月值:候、旬、月反射比为该候、旬、月各日反射比之算术平均值。

(3)季、年值:季、年反射比为该季、年各月反射比之算术平均值。

22.2.3　不完整记录的统计规定

除上文特殊说明外,不完整记录按以下规定处理。

1. 曝辐量

(1)时值:

观测时段内任一小时曝辐量数据有误或缺测时,可用前后时次的正常记录内插求得。

例 1:某站 6:40 日出,7:00－8:00 小时曝辐量为 0.50 MJ·m⁻²,8:00－9:00 小时曝辐量缺测,9:00－10:00 小时曝辐量为 2.10 MJ·m⁻²,则 8:00－9:00 小时曝辐量＝(0.50＋2.10)÷2＝1.30 MJ·m⁻²。

① 对于非全天候观测的辐射项目,在日出(日落)时段内数据有误或缺测时,可根据日出(日落)时间用梯形面积法内插求得。

例 2:某站 6:40 日出,6:40－7:00 小时曝辐量缺测,7:00－8:00 小时曝辐量为 2.10 MJ·m⁻²,则 6:40－7:00 小时曝辐量＝(0＋2.10)÷2×20÷60＝0.35 MJ·m⁻²。

② 观测时段内时曝辐量连续缺测两小时或以上时(包括跨日)不能按上述内插方法处理。若小时曝辐量缺测时次及上个时次的正点辐照度(包括日出日落时间)正常可用,可用辐照度梯形面积法计算该时次小时曝辐量。

例 3:某站 6:40 日出,8:00 辐照度为 500.00 W·m⁻²,9:00 辐照度为 1000.00 W·m⁻²,8:00－9:00 小时曝辐量缺测,则 8:00－9:00 小时曝辐量＝(500＋1000)÷2×60×60÷10⁶＝2.70 MJ·m⁻²。

例 4:某站 6:40 日出,7:00 辐照度为 500.00 W·m⁻²,6:40－7:00 小时曝辐量缺测,则 6:40－7:00

小时曝辐量＝(0＋500)÷2×20×60÷10^6＝0.30 MJ・m^{-2}

当某时曝辐量有误或缺测且不能按上述方法统计时,在日统计中将其按缺测处理。

(2)日值:小时曝辐量缺测 1 小时或以上时,日曝辐量按缺测处理。

(3)候、旬、月值:若该候、旬、月内日曝辐量分别缺测 2 天、4 天、10 天或以上,则该候、旬、月曝辐量按缺测处理;若分别缺测 2 天、4 天、10 天或以下,则:候、旬、月平均值＝候、旬、月实有观测天数的日曝辐量合计值÷候、旬、月实有观测天数,候、旬、月曝辐量＝候、旬、月平均值×候、旬、月自然天数。

(4)季、年值:若该季、年内月曝辐量缺测 1 个月或以上,则该季、年曝辐量按缺测处理。

2. 最大(小)辐照度及出现时间

(1)日极值:若各小时辐照度极值和正点辐照度记录完整或部分缺测,则日极值从实有记录中挑选,否则按缺测处理。

(2)候、旬、月极值:若候、旬、月内日极值记录完整或部分缺测,则候、旬、月极值从日极值实有记录中挑取,否则按缺测处理。

(3)季、年极值:若各月极值记录完整或部分缺测,则季、年极值从月极值实有记录中挑取,否则按缺测处理。

3. 反射比

(1)日值:当反射辐射日曝辐量或总辐射日曝辐缺测时,日反射比按缺测处理;当总辐射日曝辐量小于 0.50 MJ/m^2,且反射辐射日曝辐量大于等于总辐射日曝辐量时,日反射比按未开展观测处理。

(2)候、旬、月值:若该候、旬、月日反射比分别缺测 2 天、4 天、10 天或以上,则该候、旬、月反射比按缺测处理;若分别缺测 2 天、4 天、10 天或以下,该候、旬、月平均反射比＝该候、旬、月实有观测天数日反射比合计值÷该候、旬、月实有观测天数。

(3)季、年值:若该季、年内月反射比缺测 1 个月或以上,则该季、年反射比按缺测处理。

附录 A　气象自动观测仪器的基本技术性能

表 A.1　地面气象观测业务准确度要求与常用仪器性能
摘自《WMO 气象仪器与观测方法指南(第八版)》

测量要素	测量范围	分辨力	要求的测量不确定度	可达到的测量不确定度	时间常数	平均时间	测量方法
气温	−80~+60 ℃	0.1 ℃	±0.3 ℃,≤−40 ℃； ±0.1 ℃,−40 ℃<t≤+40 ℃； ±0.3 ℃,>+40 ℃	±0.2 ℃	20 s	1 min	I
露点温度	−80~+35 ℃	0.1 ℃	±0.5 ℃,≤−40 ℃； ±0.3 ℃,−40 ℃<t≤+40 ℃； ±0.5 ℃,>+40 ℃	±0.2 ℃	20 s	1 min	I
相对湿度	0~100%	1%	±1%	±3%	40 s	1 min	
气压	500~1080 hPa	0.1 hPa	±0.1 hPa	±0.15 hPa	2 s	1 min	I
云量	0/8~8/8	1/8	±1/8	±2/8	n/a	—	I
云底高度	0 m~30000 m	10 m	±10 m,≤100 m ±10%,>100 m	±10 m	n/a	—	I
风向	0~360°	1°	±5°	±5°	阻尼比>0.3		
风速	0~75 m/s	0.5 m/s	±0.5 m/s,≤5 m/s； ±10%,>5m/s	±0.5 m/s,≤5 m/s； ±10%,>5 m/s	距离常数2~5 m	2 min 或10 min	A
阵风	0.1~150 m/s	0.1 m/s	±10%	±0.5 m/s,≤5 m/s； ±10%,>5 m/s	—	3 s	
降水量	0~500 mm	0.1 mm	±0.1 mm,≤5 mm； ±2%>5 mm	±5%或±0.1 mm中较大的一个	n/a	n/a	T
雪深	0~25 m	1 cm	±1cm,≤20 cm； ±5%,>20 cm	±1cm	<10s	1 min	I
气象光学视程(MOR)	10~100000 m	1 m	±50 m,≤600 m； ±10%,600 m<MOR≤1500 m； ±20%,>1500 m	±20 m或±20%中较大的一个	<30 s	1 min 和10 min	I

测量要素	测量范围	分辨力	要求的测量不确定度	可达到的测量不确定度	时间常数	平均时间	测量方法
跑道视程（RVR）	10～2000 m	1 m	±10 m,$\leqslant400$ m; ±25 m,400 m$<RVR\leqslant800$ m; $\pm10\%$,>800 m	±20 m 或 $\pm20\%$中较大的一个	<30 s	1 min 和 10 min	A
蒸发量	0～100 mm	0.1 mm	±0.1 mm,$\leqslant5$ mm; $\pm2\%$,>5 mm	—	—	n/a	T
日照时数	0～24 h	60 s	±0.1h	±0.1 h 或 $\pm0.2\%$中较大的一个	20 s	n/a	T
净全辐射	—	1 J/m²	±0.4 MJ/m²,$\leqslant8$ MJ/m² $\pm5\%$,>8 MJ/m²	$\pm15\%$	20 s	n/a	T

注:1. 测量要素列出的是一些基本量。

2. 测量范围给出的是大多数测量要素的一般变化范围,具体范围取决于当地的气候条件。

3. 报告的分辨力栏中给出了由《电码手册》确定的最严格的分辨率。

4. 要求的准确度栏中给出的是通常已推荐使用的准确度要求,个别应用领域可以低于此项要求。要求的准确度的确定值表示报告值相对于真值的不确定度,以概率说明了真值所在的区间。推荐的概率水平是 95%($k=2$),对应于变量(高斯)常态分布 2σ 的水平。

5. 测量方法:I 为排除自然的小尺度变率与噪声,1 min 的平均可作为最小的和最合适的要求,高到 10 min 的平均也是可接受的;A 为在一个固定的时间间隔内的平均值;T 为在一个固定的时间间隔内的总量。

6. n/a 表示不适用。

表 A.2 总辐射表性能指标

序号	指标名称	指标要求	
		一级表	二级表
1	绝缘电阻(热电堆与仪器基座之间)	$\geqslant1$ MΩ	$\geqslant1$ MΩ
2	内阻	$\leqslant800$ Ω	$\leqslant800$ Ω
3	灵敏度允许范围	$\geqslant7$ μV・W^{-1}・m²	$\geqslant7$ μV・W^{-1}・m²
4	响应时间(95%响应)	$\leqslant20$ s	$\leqslant30$ s
5	非线性误差	$\leqslant1\%$	$\leqslant3\%$
6	方向性响应误差(垂直入射1000 W・m^{-2})	$\leqslant20$ W・m^{-2}	$\leqslant30$ W・m^{-2}
7	温度响应(在50 K间隔内)	$\leqslant4\%$	$\leqslant8\%$
8	零点偏置(对环境温度5 K・h^{-1}变化的响应)	$\leqslant4$ W・m^{-2}	$\leqslant8$ W・m^{-2}
9	倾斜(180°)响应误差	$\leqslant2\%$	$\leqslant5\%$

附录 A 气象自动观测仪器的基本技术性能

表 A.3 直接辐射表性能指标

序号	指标名称	指标要求
1	响应时间(95%响应)	<10 s
2	零点偏移	± 2 W·m^{-2}
3	年稳定性	$\pm 0.5\%$
4	非线性(100~1100 W·m^{-2})	$\pm 0.3\%$
5	温度响应(-10~+40 ℃)	$\pm 1\%$
6	倾斜响应(0~90°)	$\pm 0.2\%$
7	入射窗口光谱范围(50%光谱透射比)	300~3000 nm
8	灵敏度	$\geqslant 7$ μV·W^{-1}·m^2

表 A.4 长波辐射表性能指标

序号	指标名称	指标要求	
		一级表	二级表
1	响应时间	<15 s	<30 s
2	非线性	$\pm 2\%$	$\pm 4\%$
3	温度响应(-10~+40 ℃)	$\pm 2\%$	$\pm 4\%$
4	倾斜响应(0°~90°)	$\pm 1\%$	$\pm 2\%$
5	年稳定性	$\pm 1\%$	$\pm 2\%$
6	感应腔体温度测量误差	$\pm 0.1\%$	$\pm 0.2\%$
7	灵敏度	$\geqslant 4$ μV·W^{-1}·m^2	$\geqslant 4$ μV·W^{-1}·m^2

表 A.5 紫外辐射表性能指标

序号	指标名称	指标要求	
		一级表	二级表
1	光谱范围	UV-A 表:315~400 nm UV-B 表:280~315 nm UV-AB 表:280~400 nm	
2	测量范围	UV-A 表:$\leqslant 90$ W·m^{-2} UV-B 表:$\leqslant 6$ W·m^{-2} UV-AB 表:$\leqslant 100$ W·m^{-2}	
3	灵敏度	$\geqslant 50$ μV·W^{-1}·m^2	
4	响应时间	$\leqslant 1$ s	
5	非线性	$\pm 2\%$	$\pm 5\%$
6	方向性响应(修正到天顶角70°)	$\pm 4\%$	$\pm 10\%$

续表

序号	指标名称	指标要求	
		一级表	二级表
7	温度响应(−20～+50 ℃)	UV-A 表:±2% UV-B 表:±4% UV-AB 表:±2%	UV-A 表:±10% UV-B 表:±15% UV-AB 表:±10%
8	带外响应(规定带宽以外的辐射入射引起的响应相对带宽内响应的百分比)	UV-A 表:<0.1% UV-B 表:<1% UV-AB 表:<0.1%	UV-A 表:<0.5% UV-B 表:<5% UV-AB 表:<0.5%
9	年稳定性	UV-A 表:±4% UV-B 表:±6% UV-AB 表:±4%	UV-A 表:±8% UV-B 表:±10% UV-AB 表:±8%

注:根据所测光谱范围不同,将紫外辐射表分为 3 类,即 A 波段紫外辐射表、B 波段紫外辐射表和 AB 波段紫外辐射表,分别简称为 UV-A 表、UV-B 表和 UV-AB 表。按照测量性能的不同,将紫外辐射表分为一级紫外辐射表和二级紫外辐射表。

表 A.6　光合有效辐射表性能指标

序号	指标名称	指标要求
1	响应时间	≤5 ms
2	灵敏度,其中: a) 能量型 b) 量子型	$\geq 1\ \mu V \cdot W^{-1} \cdot m^2$ $\geq 4\ \mu V \cdot \mu mol^{-1} \cdot s \cdot m^2$
3	非线性(入射光源总辐射辐照度 250～1050 W·m⁻²)	±4%
4	方向性响应(对光束状辐射,天顶角 80°以内,方位角 360°)	±10%
5	温度响应(−20～+60 ℃)	±5%
6	年稳定性	±3%
7	光谱响应特性,其中: a)光谱响应带宽 b)光谱选择性误差 c)规定带宽外响应	(400±10)～(700±10) nm ±5% ≤10%

表 A.7　直接辐射表测量用全自动太阳跟踪器与遮光球式全自动太阳跟踪器性能指标

序号	指标名称	指标要求
1	平均功率(低温型不含加热功耗)	≤10 W
2	跟踪误差: a)太阳直接辐射辐射度<120 W·m⁻² b)太阳直接辐射辐照度≥120 W·m⁻²	≤1.5° ≤0.2°
3	计时误差(内部时钟计时误差)	±1 s/24 h
4	负载能力(垂直方向和水平方向扭矩)	≥5 N·m
5	捕获角	≥5°
6	捕获速度	≥0.5° s⁻¹
7	遮挡角	5°±0.5°
8	遮光球直径	不小于所承载总辐射表传感器玻璃罩的直径

表 A.8　加热通风器性能指标

序号	指标名称	指标要求
1	通风量	≥160 m³/h
2	通风速度	≥2 m/s
3	加热	5 W 或者 10 W
4	影响的空气温度上升	<0.25 K(仅风机工作) <0.5 K(5 W 加热) <1 K(10 W 加热)
5	风机功耗	≤5 W
6	输入电源范围	DC 9~15V

附录 B　常用测量计算方法

1. 真太阳时、地平时

根据太阳在天空的实际位置来计算的时间称为真太阳时。当太阳通过当地子午线的时刻称为该地真太阳时的正午。太阳两次通过当地子午线所间隔的时间称为一个真太阳日。真太阳日是不等长的。

采用全年真太阳日总和的平均值,称为"平均太阳日"。平均太阳日平均分为 24 小时,称为"平均太阳时"。各地(不同经度)的平均太阳时,叫作该地的地方平均太阳时,简称地平时。真太阳时与平均太阳时的差称为时差。真太阳时=地平时+时差。

自 1883 年以后,国际上采用标准时区制,规定经度每度隔 15°为 1 时区,全球共分 24 个时区。以 0°经线(格林尼治子午线)为中央经线,从 7.5°E～7.5°W 划分中时区(零时区),在中时区以东(西)依次分为东(西)1 区至 12 区,东(西)12 区各跨 7.5°经线,合为一个时区。其中央经线为 180°经线。

各时区都以本时区中央经线的地平时作为全区共同使用的时刻。例如,北京处于东 8 区,东经 120°是东八区的中央经线,因此北京时间即是东经 120°的地平时。

世界标准时采用格林尼治地方时;我国标准时采用东经 120°的地平时,即北京时。北京时与世界标准时固定相差 8 h,即北京时=世界时+8。

地平时=北京时+(120°−测站经度)×4 分/经度

2. 日中线法确定子午线(南北线)的方法

真太阳时(TT)=地平时(T_M)+时差(E_Q)

$\qquad$ =北京时(C_r)±经度时差(L_C)+时差(E_Q)

(1)计算本地真太阳时 12 时对应的北京时时间

根据本地的经度,将本地真太阳时 12 时换算成北京时。以东经 116°30′,2015 年 10 月 31 日为例。

① 查《地面气象观测规范》第 139 页表 7.1,2015 年 10 月 31 日真太阳时与地方平均太阳时的时差为 16 分钟。

② 用下式计算本地地方平均太阳时与北京时的时差:

时差(分钟)=(120−本地经度度数)×4+本地经度分数×4÷60

$\qquad$ =(120−116)×4+30×4÷60=16+2=18(分钟)

即:北京时 12 时 18 分等于地方平均太阳时 12 时整。

③ 计算真太阳时 12 时对应的北京时:

真太阳时=地平时+时差=12 时 18 分(北京时)+16=12 时 34 分

即:2015 年 10 月 31 日北京时 12 时 34 分就是当地真太阳时的 12 时。

(2)制作垂线

在晴朗的中午,找一根约 2 m 长的细绳(直径约 5～10 mm)一端栓一重物,另一端固定在一个高 2.5 m 的支架上,使细绳自然下垂并保持稳定,避免摆动。如图 B.1 所示。

(3)划定子午线(南北线)

观察绳线在地面上的阴影,当北京时 12 时 34 分时沿细绳阴影,在地面上画出直线,该直线即为本地子午线(南北线)。

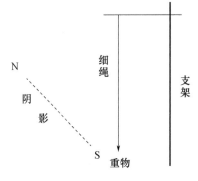

图 B.1　制作垂线示意图

3. 观测场到周围障碍物高度距离比及遮挡仰角测量方法

(1)高度距离比

沿观测场围栏选择距离障碍物最近的点,使用仪器测得障碍物的距离(精确到 0.1 m)、障碍物高度距离比及遮挡仰角。

① 直接测量高度距离比

使用仪器直接测得障碍物高度 H 和围栏至该点垂线的水平距离 D(精确到 0.1 m),计算障碍物高度距离比。如图 B.2 所示。

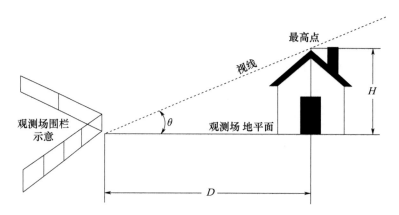

图 B.2　障碍物高度距离比及遮挡仰角测量方法示意图
(H 为障碍物距离观测场地平面的高度;D 为围栏距离障碍物最近点与测量点垂线的水平距离;θ 为遮挡仰角)

② 间接计算高度距离比

若观测场与障碍物之间有遮挡,不能直接测得水平距离时,将全站仪或经纬仪架设在距离地面 h 高度处,测量斜距 L,仰角 ω,按公式(B.1)计算高度距离比,如图 B.3 所示。

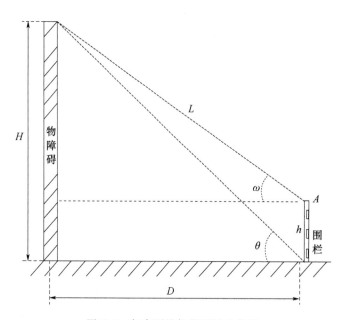

图 B.3　架高测量仪器测量示意图
(A 为仪器物镜中心点;L 为 A 点至测量目标点之间的距离;h 为 A 点的高度;
ω 为 A 点处测得的目标点仰角;θ 为遮挡仰角)

$$\frac{H}{D}=\frac{L\times\sin\omega+h}{L\times\cos\omega}$$
(B.1)

(2)遮挡仰角

① 直接测量遮挡仰角

使用全站仪在观测场围栏距离障碍物最近的地面直接测量障碍物的遮挡仰角 θ(精确到 0.1°)。

② 间接计算遮挡仰角

不能通过仪器直接测得障碍物遮挡仰角时,可按公式(B.2)计算(保留两位小数)。

$$\theta = \arctan \frac{H}{D} \tag{B.2}$$

若观测场与障碍物之间有遮挡,不能直接测得水平距离时,按照间接计算高度距高比的方法测量斜距 L,仰角 ω,按公式(B.3)计算遮挡仰角 θ(精确到 0.1°)。

$$\theta = \arctan \left(\frac{L \times \sin\omega + h}{L \times \cos\omega} \right) \tag{B.3}$$

4. 日出方向和日落方向的计算方法

(1)夏至日和冬至日

为简便起见,计算日出方向和日落方向时,以 6 月 22 日为夏至日,以 12 月 22 日为冬至日。

(2)日出时间和日落时间的计算

日出时间和日落时间分别由公式(C.15)和公式(C.16)计算。

(3)日出时刻太阳方位和日落时刻太阳方位的计算

日出时刻太阳方位和日落时刻太阳方位由公式 B.4 计算。计算太阳赤纬(D_E)过程中,由公式 C.4 计算观测时刻与格林尼治 0 时时间差订正值(W)时,观测时刻的小时值(S)和分钟值(F)分别取日出(或日落)时间的小时值和分钟值。

$$A = \arccos \left(-\frac{\sin D_E}{\cos \Phi} \right) \tag{B.4}$$

式中,A 为太阳方位角;D_E 为太阳赤纬;Φ 为当地纬度。

(4)日出方向的计算

夏至日和冬至日的日出方位之间的夹角即为日出方向,按下列步骤计算。

① 根据当地的纬度,由公式 C.15 分别计算出夏至日的日出时间($T_{R\text{-}S}$)和冬至日的日出时间($T_{R\text{-}W}$)。

② 根据夏至日的日出时间($T_{R\text{-}S}$)和冬至日的日出时间($T_{R\text{-}W}$),由公式 B.4 分别计算出夏至日的日出方位($A_{R\text{-}S}$)和冬至日的日出方位($A_{R\text{-}W}$)。

(5)日落方向的计算

冬至日和夏至日的日落方位之间的夹角即为日落方向,按下列步骤计算。

① 根据当地的纬度,由公式 C.16 分别计算出冬至日的日落时间($T_{S\text{-}W}$)和夏至日的日落时间($T_{S\text{-}S}$)。

② 根据冬至日的日落时间($T_{S\text{-}W}$)和夏至日的日落时间($T_{S\text{-}S}$),由公式 B.4 分别计算出冬至日的日落方位($A_{S\text{-}W}$)和夏至日的日落方位($A_{S\text{-}S}$)。

5. 日出方向和日落方向的测量方法

日出方向:夏至日和冬至日日出时刻太阳与观测场几何中心的连线所形成的夹角区域。

日落方向:冬至日和夏至日落时刻太阳与观测场几何中心的连线所形成的夹角区域。

如图 B.4 所示。

(1)障碍物最高仰角和视宽角的测量

① 调整经纬仪的仰角旋钮,将物镜调至水平状态,当仰角读数为 0.0°时,用卷尺测量出物镜中心的距地高度,以米为单位,取 1 位小数。

② 调整经纬仪的方位旋钮和仰角旋钮,使物镜中心十字线对准被测障碍物的最高点。

③ 读取经纬仪的仰角值,以度为单位,取 1 位小数。

④ 调整经纬仪的方位旋钮和仰角旋钮,使物镜中心十字线对准障碍物的最左边,读取开始方位角。同时调整经纬仪的方位旋钮和仰角旋钮,使物镜中心十字线对准障碍物的最右边,读取终止方位角。由公式 B.5 计算出障碍物的视宽角,以度为单位,取 1 位小数。

$$S = Z - K \tag{B.5}$$

式中,S 为障碍物的视宽角;Z 为障碍物的终止方位角;K 为障碍物的开始方位角。

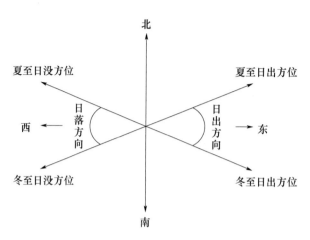

图 B.4 日出方向和日落方向划分示意图

（2）障碍物斜距的测量

① 同时调整经纬仪的方位旋钮和仰角旋钮，使物镜中心十字线对准被测障碍物的最高点。

② 将激光测距仪靠在经纬仪物镜上，将激光测距仪的物镜对准被测障碍物的最高点，按下激光测距仪的测量按钮，测出被测障碍物最高点到经纬仪物镜之间的斜距。

③ 读取激光测距仪的距离值，以米为单位，取 1 位小数。

（3）障碍物最高仰角的计算

① 在观测场围栏地面处测量时障碍物最高仰角的计算

如图 B.5 所示，设 A 点为经纬仪物镜，则角 α 可由公式 B.6 计算得出。

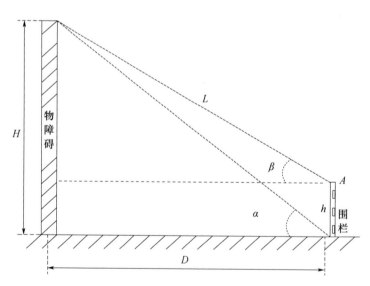

图 B.5 在观测场围栏地面处测量时障碍物最高仰角计算原理图

$$\alpha = \mathrm{artan}\left[\tan\beta \times \left(1 + \frac{h}{L \times \sin\beta}\right)\right] \tag{B.6}$$

式中，α 为障碍物在观测场围栏地面处测量的最高仰角，以度为单位，取 1 位小数；β 为障碍物在观测场围栏上方 1.5m 处测量时最高仰角，以度为单位，取 1 位小数；h 为经纬仪的架设高度，以米为单位，取 1 位小数；L 为障碍物最高点到经纬仪物镜的斜距，以米为单位，取 1 位小数。

② 有些障碍物在观测场中心可以看到，在观测场围栏处测量时因其他障碍物遮挡而看不到，可适当增加经纬仪的架设高度。若仍看不到障碍物，可用公式 B.7 计算障碍物的最高仰角：

$$\beta = \arctan\left(\frac{H-h}{S}\right) \tag{B.7}$$

式中，β 为障碍物在观测场围栏地面处测量时的最高仰角；H 为障碍物高出观测场地平面部分的高度；h 为经纬仪的架设高度，以米为单位，取 1 位小数；S 为障碍物最高点到观测场围栏最近点的水平距离。

附录 C　气象辐射观测常用公式

1. 时间

(1)时差 E_Q

时差 E_Q 指真太阳时与地方平均太阳时之差,按以下公式计算:

$$E_Q = 0.0028 - 1.9857\sin Q + 9.9059\sin 2Q - 7.0924\cos Q - 0.6882\cos 2Q \tag{C.1}$$

$$Q = 2\pi \times 57.3(N + \Delta N - N_0)/365.2422 \tag{C.2}$$

式中,N 为按天数顺序排列的积日。1 月 1 日为 0;2 日为 1;以此类推……,12 月 31 日为 364(平年)或 365(闰年)。ΔN 为积日订正值,由观测地点与格林尼治经度差产生的时间差订正值 L 和观测时刻与格林尼治 0 时时间差订正值 W 两项组成,计算方法见式(C.3)~式(C.6)。

$$\pm L = (D + M/60)/15 \tag{C.3}$$

式中,D 为观测点经度的度值;M 为分值,换算成与格林尼治时间差 L。东经取负号,西经取正号。

$$W = S + F/60 \tag{C.4}$$

式中,S 为观测时刻的时值;F 为分值。最后两项时值再合并化为日数(取一位小数)。我国处于东经 L 取负值,所以:

$$\Delta N = (W - L)/24 \tag{C.5}$$

$$N_0 = 79.6764 + 0.2422(Y - 1985) - \mathrm{INT}[0.25(Y - 1985)] \tag{C.6}$$

式中,Y 为年份,$\mathrm{INT}(X)$ 为数值向下取整为最接近的整数的函数。

(2)真太阳时 TT

$$TT = T_M + E_Q = C_T + L_C + E_Q \tag{C.7}$$

式中,TT 为真太阳时;T_M 为地方平均太阳时(地平时);C_T 为地方标准时(时区时),中国以 120°E 地方时为标准,称为北京时;L_C 为经度订正(4 min/°),如果地方子午圈在标准子午圈的东边,则 L_C 为正,反之为负;E_Q 为时差。

2. 太阳位置

(1)赤纬 D_E

$$D_E = 0.3723 + 23.2567\sin Q + 0.1149\sin 2Q - 0.1712\sin 3Q - $$
$$0.7580\cos Q + 0.3656\cos 2Q + 0.0201\cos 3Q \tag{C.8}$$

式中 Q 同式(C.2)。

(2)太阳高度角 H_A 与方位角 A

$$\sin H_A = \sin\Phi \cdot \sin D_E + \cos\Phi \cdot \cos D_E \cdot \cos T_0 \tag{C.9}$$

$$\cos A = (\sin D_E \cdot \cos\Phi - \cos D_E \cdot \cos\Phi \cdot \cos T_0)/\sin H_A \tag{C.10}$$

$$\sin A = -\cos D_E \cdot \sin T_0/\cos H_A \tag{C.11}$$

式中,Φ 为当地纬度(保留 1 位小数);D_E 为太阳赤纬;T_0 为太阳时角,按下式计算:

$$T_0 = (TT - 12) \times 15 \text{（保留 1 位小数）} \tag{C.12}$$

(3)可照时数 T_A 与日出时间 T_R、日落时间 T_S

$$\sin\frac{T_B}{2} = \sqrt{\frac{\sin\left(45° + \frac{\Phi - D_E + r}{2}\right)\sin\left(45° - \frac{\Phi - D_E - r}{2}\right)}{\cos\Phi\cos D_E}} \tag{C.13}$$

式中,T_B 为半日可照时数;$r = 34'$ 为蒙气差;Φ 为当地纬度;D_E 为太阳赤纬。

可照时数按下式计算:

$$T_A = 2 \times T_B \tag{C.14}$$

T_B 化成时、分后,按下式算出日出时间 T_R 及日落时间 T_S:

$$T_R = 12 - T_B \tag{C.15}$$

$$T_S = 12 + T_B \tag{C.16}$$

上述 T_R，T_S 均为真太阳时，最后应转换为地方平均太阳时。

3. 日地平均距离修正值

日地平均距离修正值为 $(\overline{R}/R)^2$，其计算公式为：

$$(\overline{R}/R)^2 = 1.000423 + 0.032359\sin Q + 0.000086\sin 2Q -$$
$$0.008349\cos Q + 0.000115\cos 2Q \tag{C.17}$$

式中 Q 同式(C.2)。

附录 D 湿度参量的计算

1. 饱和水汽压

在一定温度下,空气中的水汽与相毗连的水或冰平面处于相变平衡时湿空气中的水汽压。饱和水汽压采用世界气象组织推荐的戈夫-格雷奇(Goff-Gratch)公式。

(1)纯水平液面饱和水汽压的计算公式

$$\lg E_w = 10.79574(1-T_1/T) - 5.02800\lg(T/T_1) + 1.50475$$
$$\times 10^{-4}[1-10^{-8.2969(T/T_1-1)}] + 0.42873$$
$$\times 10^{-3}[10^{4.76955(1-T_1/T)} - 1] + 0.78614 \tag{D.1}$$

式中,E_w 为纯水平液面饱和水汽压(hPa);$T_1=273.16$ K(水的三相点温度);$T=273.15+t$(单位为℃),绝对温度 K。

(2)纯水平冰面饱和水汽压的计算公式

$$\lg E_i = -9.09685(T_1/T-1) - 3.56654\lg(T_1/T) + 0.87682(1-T_1/T) + 0.78614 \tag{D.2}$$

式中,E_i 为纯水平冰面饱和水汽压(hPa);T_1 和 T 同上。

2. 水汽压

(1)用干湿球温度计算空气中水汽压的公式

$$e = E_{tw} - AP_h(t-t_w) \tag{D.3}$$

式中,e 为水汽压(hPa);E_{tw} 为湿球温度 t_w 所对应的纯水平液面的饱和水汽压,湿球结冰且湿球温度低于 0 ℃时,为纯水平冰面的饱和水汽压;A 为干湿表系数(℃⁻¹),由干湿表类型、通风速度及湿球是否结冰而定,其值见表 D.1;P_h 为本站气压(hPa);t 为干球温度(℃);t_w 为湿球温度(℃)。

表 D.1 干湿表系数表

干湿表类型及通风速度	$A \times 10^{-3}$(℃⁻¹)	
	湿球未结冰	湿球结冰
通风干湿表(通风速度 2.5 m/s)	0.662	0.584
球状干湿表(通风速度 0.4 m/s)	0.857	0.756
柱状干湿表(通风速度 0.4 m/s)	0.815	0.719
现用百叶箱球状干湿表(通风速度 0.8 m/s)	0.7947	0.7947

(2)当使用湿敏电容、毛发表或湿度计等直接测得相对湿度时,由相对湿度计算水汽公式

$$e = U \times E_w/100 \tag{D.4}$$

式中,U 为相对湿度(%);e 为水汽压(hPa);E_w 为湿球温度 t 所对应的纯水平液面饱和水汽压(hPa)。

3. 相对湿度

(1)使用干湿球温度表测湿时,空气中相对湿度的计算公式

$$U = (e/E_w) \times 100\% \tag{D.5}$$

式中,U 为相对湿度(%);e 为水汽压(hPa);E_w 为湿球温度 t 所对应的纯水平液面(或冰面)饱和水汽压(hPa)。

(2)使用毛发湿度表(计)测湿时,空气中相对湿度的计算公式

$$Y = b_0 + b_1X + b_2X^2 + b_3X^3 \tag{D.6}$$

式中,Y 为经毛发湿度表(计)订正后的相对湿度(%);X 为毛发湿度表(计)读数(%);b_0,b_1,b_2,b_3 为多项式回归系数,即毛发湿度表(计)的订正系数。

4. 露点温度

露点温度没有直接计算公式,它实际上是对 Goff-Gratch 公式的求解,求解较为复杂,现用地面气象测报业务软件中采用新系数的马格拉斯公式求出初值,再用逐步逼近(最多 3 次)方法求出露点温度 T_d(℃)。

马格拉斯公式为:

$$e = E_0 \times 10^{\frac{a \times T_d}{b + T_d}} \tag{D.7}$$

转换为:

$$T_d = \frac{b \times \lg \dfrac{e}{E_0}}{a - \lg \dfrac{e}{E_0}} \tag{D.8}$$

式中,e 为水汽压(hPa);E_0 为 0 ℃时的饱和水汽压,等于 6.1078 hPa;a 为系数,取 7.69;b 为系数,取 243.92。

经验算,初值精度为:当 $-80\ ℃ < T_d < 40\ ℃$ 时,误差为 ± 0.14 ℃;当 $40\ ℃ \leqslant T_d < 50\ ℃$ 时,误差为 ± 0.2 ℃。这种新系数的马格拉斯公式具有一定的实用价值。

附录 E 风向角度和七位格雷码对照表

角度	格雷码	角度	格雷码	角度	格雷码	角度	格雷码
单位:°	GFEDCBA	单位:°	GFEDCBA	单位:°	GFEDCBA	单位:°	GFEDCBA
0(N)	0000000	90(E)	0110000	180(S)	1100000	270(W)	1010000
3	0000001	93	0110001	183	1100001	273	1010001
6	0000011	96	0110011	186	1100011	276	1010011
8	0000010	98	0110010	188	1100010	278	1010010
11	0000110	101	0110110	191	1100110	281	1010110
14	0000111	104	0110111	194	1100111	284	1010111
17	0000101	107	0110101	197	1100101	287	1010101
20	0000100	110	0110100	200	1100100	290	1010100
23	0001100	112	0111100	203	1101100	293	1011100
25	0001101	115	0111101	205	1101101	295	1011101
28	0001111	118	0111111	208	1101111	298	1011111
31	0001110	121	0111110	211	1101110	301	1011110
34	0001010	124	0111010	214	1101010	304	1011010
37	0001011	127	0111011	217	1101011	307	1011011
39	0001001	129	0111001	219	1101001	309	1011001
42	0001000	132	0111000	222	1101000	312	1011000
45	0011000	135	0101000	225	1111000	315	1001000
48	0011001	138	0101001	228	1111001	318	1001001
51	0011011	141	0101011	231	1111011	321	1001011
53	0011010	143	0101010	233	1111010	323	1001010
56	0011110	146	0101110	236	1111110	326	1001110
59	0011111	149	0101111	239	1111111	329	1001111
62	0011101	152	0101101	242	1111101	332	1001101
65	0011100	155	0101100	245	1111100	335	1001100
68	0010100	158	0100100	248	1110100	338	1000100

附录 E 风向角度和七位格雷码对照表

角度	格雷码	角度	格雷码	角度	格雷码	角度	格雷码
70	0010101	160	0100101	250	1110101	340	1000101
73	0010111	163	0100111	253	1110111	343	1000111
76	0010110	166	0100110	256	1110110	346	1000110
79	0010010	169	0100010	259	1110010	349	1000010
82	0010011	172	0100011	262	1110011	352	1000011
84	0010001	174	0100001	264	1110001	354	1000001
87	0010000	177	0100000	267	1110000	357	1000000

附录 F　各传感器检定、校准、现场核查、检测周期表

序号	仪器	方式	周期
1	激光云高仪	校准	2 年
2	全天空成像仪	校准	2 年
3	前向散射式能见度仪	现场核查	首次使用一个半月核查一次之后,每 6 个月核查一次
4	降水现象仪	现场核查	首次使用 45 日后、90 日内核查一次之后,每 1 年核查一次
5	气压传感器	检定	1 年
6	温度传感器	检定	2 年
7	湿度传感器	检定	1 年
8	风速传感器	检定	2 年
9	风向传感器	检定	2 年
10	翻斗雨量传感器	校准	1 年
11	称重式降水传感器	校准	1 年
12	雪深仪	检定	1 年
13	蒸发传感器	检定	2 年
14	总辐射表	检定	首次检定周期 1 年,后续检定周期 2 年
15	直接辐射表	检定	2 年
16	长波辐射表	检定	首次检定周期 1 年,后续检定周期 2 年
17	净全辐射表	检定	首次检定周期 1 年,后续检定周期 2 年
18	紫外辐射表	检定	宜为 1 年,最长不超过 2 年
19	光合有效辐射表	检定	2 年
20	光电式数字日照计	校准	2 年
21	地面温度传感器	检定	2 年
22	草面温度传感器	检定	2 年
23	浅层地温传感器	检定	2 年
24	深层地温传感器	检定	2 年
25	冻土传感器	校准	2 年

参考文献

中国气象局,2003. 地面气象观测规范[M]. 北京:气象出版社.

中国气象局,2003. 净全辐射表:QX/T 19—2003[S]. 北京:气象出版社.

中国气象局,2004. 气象用铂电阻温度传感器:QX/T 24—2004[S]. 北京:气象出版社.

中国气象局,2005. 净全辐射表检定规程:JJG 925—2005[S]. 北京:中国气象局.

中国气象局,2010. 地面气象观测资料质量控制:QX/T 118—2010[S]. 北京:气象出版社.

中国气象局,2011. 自动站湿度传感器检定规程:JJG(气象)003—2011[S]. 北京:中国气象局.

中国气象局,2011. 自动站风向风速传感器检定规程:JJG(气象)004—2011[S]. 北京:中国气象局.

中国气象局,2011. 自动站蒸发传感器检定规程:JJG(气象)006—2011[S]. 北京:中国气象局.

中国气象局,2011. 前向散射能见度传感器功能规格需求书(气测函〔2011〕78 号)[Z]. 北京:中国气象局.

中国气象局,2011. 大气电场仪功能需求书(试验版)(气测函〔2011〕164 号)[Z]. 北京:中国气象局.

中国气象局,2011. 前向散射能见度仪观测规范(试行)(气测函〔2011〕194 号)[Z]. 北京:中国气象局.

中国气象局,2011. 称重式降水传感器功能需求书(气测函〔2011〕197 号)[Z]. 北京:中国气象局.

中国气象局,2011. 降水观测规范—称重式降水传感器(试行)(气测函〔2011〕199 号)[Z]. 北京:中国气象局.

中国气象局,2012. 新型自动气象(气候)站功能规格需求书(修订版)(气测函〔2012〕194 号)[Z]. 北京:中国气象局.

中国气象局,2012. 自动雪深观测仪功能规格需求书(试行版)(气测函〔2012〕278 号)[Z]. 北京:中国气象局.

中国气象局,2012. 雪深自动观测规范(试行)(气测函〔2012〕278 号)[Z]. 北京:中国气象局.

中国气象局,2013. 激光云高仪功能规格需求书(试行版)(气测函〔2013〕323 号)[Z]. 北京:中国气象局.

中国气象局,2013. 云量自动观测仪功能规格需求书(试行版)(气测函〔2013〕323 号)[Z]. 北京:中国气象局.

中国气象局,2013. 降水现象仪功能规格需求书(试行版)(气测函〔2013〕323 号)[Z]. 北京:中国气象局.

中国气象局,2014. 地面气象观测场(室)防雷技术规范:GB/T 31162—2014[S]. 北京:中国标准出版社.

中国气象局,2014. 气象探测环境保护规范 地面气象观测站:GB/T 31221—2014[S]. 北京:中国标准出版社.

中国气象局,2014. 综合集成硬件控制器功能规格需求书(气测函〔2014〕73 号)[Z]. 北京:中国气象局.

中国气象局,2014. 地面气象观测场规范化建设图册(气测函〔2014〕74 号)[Z]. 北京:中国气象局.

中国气象局,2015. 自动气象站气压传感器检定规程:JJG(气象)001—2015[S]. 北京:中国气象局.

中国气象局,2015. 自动气象站铂电阻温度传感器检定规程:JJG(气象)002—2015[S]. 北京:中国气象局.

中国气象局,2015. 自动气象站数据采集器现场校准方法:QX/T 291—2015[S]. 北京:气象出版社.

中国气象局,2015. 自动日照计功能规格需求书(气测函〔2015〕7 号)[Z]. 北京:中国气象局.

中国气象局,2016. 直接辐射表:QX/T 20—2016[S]. 北京:气象出版社.

中国气象局,2016. 称重式降水测量仪:QX/T 320—2016[S]. 北京:气象出版社.

中国气象局,2016. 热电式数字总辐射表功能规格需求书(气测函〔2016〕70 号)[Z]. 北京:中国气象局.

中国气象局,2016.光电式数字日照计功能规格需求书(气测函〔2016〕70号)[Z].北京:中国气象局.

中国气象局,2017.酸雨观测规范:GB/T 19117—2017[S].北京:中国标准出版社.

中国气象局,2017.总辐射表:GB/T 19565—2017[S].北京:中国标准出版社.

中国气象局,2017.地面气象观测站气象探测环境调查评估方法:GB/T 35219—2017[S].北京:中国标准出版社.

中国气象局,2017.超声波测风仪测试方法:GB/T 33693—2017[S].北京:中国标准出版社.

中国气象局,2017.长波辐射表:GB/T 33701—2017[S].北京:中国标准出版社.

中国气象局,2017.自动气象站观测规范:GB/T 33703—2017[S].北京:中国标准出版社.

中国气象局,2017.标准总辐射表:GB/T 33704—2017[S].北京:中国标准出版社.

中国气象局,2017.标准直接辐射表:GB/T 33706—2017[S].北京:中国标准出版社.

中国气象局,2017.光合有效辐射表校准方法:GB/T 33865—2017[S].北京:中国标准出版社.

中国气象局,2017.紫外辐射表校准方法:GB/T 33868—2017[S].北京:中国标准出版社.

中国气象局,2017.散射辐射测量用遮光球式全自动太阳跟踪器:GB/T 33903—2017[S].北京:中国标准出版社.

中国气象局,2017.紫外辐射表:GB/T 34048—2017[S].北京:中国标准出版社.

中国气象局,2017.地面气象观测规范 总则:GB/T 35221—2017[S].北京:中国标准出版社.

中国气象局,2017.地面气象观测规范 云:GB/T 35222—2017[S].北京:中国标准出版社.

中国气象局,2017.地面气象观测规范 气象能见度:GB/T 35223—2017[S].北京:中国标准出版社.

中国气象局,2017.地面气象观测规范 天气现象:GB/T 35224—2017[S].北京:中国标准出版社.

中国气象局,2017.地面气象观测规范 气压:GB/T 35225—2017[S].北京:中国标准出版社.

中国气象局,2017.地面气象观测规范 空气温度和湿度:GB/T 35226—2017[S].北京:中国标准出版社.

中国气象局,2017.地面气象观测规范 风向和风速:GB/T 35227—2017[S].北京:中国标准出版社.

中国气象局,2017.地面气象观测规范 降水量:GB/T 35228—2017[S].北京:中国标准出版社.

中国气象局,2017.地面气象观测规范 雪深与雪压:GB/T 35229—2017[S].北京:中国标准出版社.

中国气象局,2017.地面气象观测规范 蒸发:GB/T 35230—2017[S].北京:中国标准出版社.

中国气象局,2017.地面气象观测规范 辐射:GB/T 35231—2017[S].北京:中国标准出版社.

中国气象局,2017.地面气象观测规范 日照:GB/T 35232—2017[S].北京:中国标准出版社.

中国气象局,2017.地面气象观测规范 地温:GB/T 35233—2017[S].北京:中国标准出版社.

中国气象局,2017.地面气象观测规范 冻土:GB/T 35234—2017[S].北京:中国标准出版社.

中国气象局,2017.地面气象观测规范 电线积冰:GB/T 35235—2017[S].北京:中国标准出版社.

中国气象局,2017.地面气象观测规范 地面状态:GB/T 35236—2017[S].北京:中国标准出版社.

中国气象局,2017.地面气象观测规范 自动观测:GB/T 35237—2017[S].北京:中国标准出版社.

中国气象局,2017.降水现象仪观测规范(试行)(气测函〔2017〕87号)[Z].北京:中国气象局.

中国气象局,2018.雪深自动观测规范:QX/T 434—2018[S].北京:气象出版社.

中国气象局,2018.光电式数字日照计观测规范(试行)(气测函〔2018〕109号)[Z].北京:中国气象局.

中国气象局,2018.能见度计量业务管理暂行规定(气测函〔2018〕152号)[Z].北京:中国气象局.

中国气象局,2019.降水现象计量业务管理暂行规定(气测函〔2019〕17号[Z].北京:中国气象局.

中国气象局,2019.天气现象视频智能观测仪技术要求(试行)(气测函〔2019〕49号)[Z].北京:中国气象局.

中国气象局,2019.辐射观测系统等建设技术方案(气测函〔2019〕51号)[Z].北京:中国气象局.

中国气象局,2019.天气现象视频智能观测仪建设技术方案(气测函〔2019〕130 号)[Z].北京:中国气象局.

中国气象局气象探测中心,2016.新型自动气象站实用手册[M].北京:气象出版社.

中国气象局气象探测中心,2016.地面气象观测业务技术规定实用手册[M].北京:气象出版社.

中国气象局气象探测中心,2017.地面综合观测业务软件用户操作手册[M].北京:气象出版社.

中国气象局气象探测中心,2017.地面综合观测业务软件常见问题解答手册[M].北京:气象出版社.